数学Ⅰ・A
のまとめ

坂本 良行

東京図書出版

【 まえがき 】

(1)　この『数学Ⅰ・Aのまとめ』は，私が授業で単元や一つの項目が終わるごとに「まとめのプリント」(B4) として配布していたプリントがもとになっています。数学Ⅰ・Aの理解・整理・習熟に役立てばと思って作ったプリントです。

　　このたび，本書『数学Ⅰ・Aのまとめ』を作るにあたっては，授業の流れが伝わらなければ理解しにくいのではと思い，授業の流れの一部も説明に加えました。そのため内容量が増えましたが，できる限り簡潔にすることを心掛けました。

(2)　(1) でも書いたように，本書『数学Ⅰ・Aのまとめ』だけでは不十分です。

　　一番大切なことは，授業を大切にすることです。授業中に説明をよく聞き，ノートをしっかりとる，分からない部分は質問をする，帰って復習し問題を解いてみる。これが基本ですが，数学を苦手とする人にとっては，このサイクルはきついでしょう。そのときに，知識を整理したり，問題を解くときに，本書『数学Ⅰ・Aのまとめ』を参考にしてもらえれば幸いです。

　　その結果，数学に対する恐怖心や毛嫌いなどから解放され，数学の成績で理科系か文化系かを決めるのではなく，自分が何をしたいのかによって進路を決めていってほしいと思っています。

(3)　本書『数学Ⅰ・Aのまとめ』の各問題にはすべて解答を付けています。

　　それは，解答のヒント・書き方等も学んで欲しいからです。そして，問題集等の問題を解いて数学の力を確実なものにしていって下さい。

　　また，各問題の解答欄では，解答 の横は，ヒント ［☞］ を書くか空白にしています。これは，解答欄を覆いやすくするためです。解答欄を覆って，何度も問題を解く練習ができるようにしています。

(4)　本書『数学Ⅰ・Aのまとめ』に取り上げている問題は，難易度に関係なく取り上げています。それは，難度の高い問題に対しては躊躇する気持ちが起こりやすいからです。

　　基本をマスターし，要点を押さえて着実に計算して行けば答に行き着くことを感じて欲しいからです。だから長い解答の問題も取り上げています。

(5)　本書『数学Ⅰ・Aのまとめ』は，「LATEX 2_ε」(ラテック・ツー・イー) というフリーソフトを使って作りました。最初の TEX は，スタンフォード大学名誉教授の Donald E. Knuth 先生 (1938 〜) によって作られ，コンピュータ科学者の Leslie Lamport 先生によって機能強化されたのが，この LATEX 2_ε です。興味のある人は，LATEX 2_ε に関する本を読んだり，インターネットで検索してみるのも面白いと思います。

　　私は今は，奥村晴彦教授の『LATEX 2_ε 美文書作成入門』(技術評論社) 付属の DVD-ROM からインストールして使っています。

［☞　数Aの ③，④ の後に，LATEX 2_ε に関する簡単な説明あり］

平成 30('18) 年 4 月

坂本 良行

目 次 　数学Ⅰ・Aのまとめ

数Ⅰ

1 数 と 式

2 集合・命題

3 2次関数と2次方程式・2次不等式

4 三 角 比

数A

1 順列・組合せ

2 確 　率

3 整数の性質

4 図形の性質

数 I

① 数と式

(1) 右の図で，$\dfrac{1}{3}$ と $\dfrac{1}{2}$ の間にある有理数(分数の形で表せる数)をいくつか表示しています。

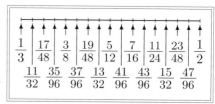

これより分かるように，これらの分数の間にもさらに分数があります。もっと言えば，分数と分数の間に**無数の分数**があります。

だから分数と分数の間に隙間はありません。このように，分数は数直線上にびっしりとあります。これを 有理数の **稠密性**(dense) といいます。

ところが，そこにも幅のない隙間があったのです。

(2) その正体は，直径が 1 の円の円周の長さ π とか，1 辺が 1 の正方形の対角線の長さ $\sqrt{2}$ 等です。これらの値は，次のように循環しない無限小数で表されます。

$\pi = 3.14159\ 26535\ 89793\ 23846\ 26433\ 83279\ 50288\ 41971\ 69399\ 37510$
$58209\ 74944\ 59230\ 78164\ 06286\ 20899\ 86280\ 34825\ 34211\ 70679\ \cdots\cdots$

$\sqrt{2} = 1.41421\ 35623\ 73095\ 04880\ 16887\ 24209\ 69807\ 85696\ 71875\ 37694$
$\phantom{\sqrt{2} = 1.}80731\ 76679\ 73799\ 07324\ 78462\ 10703\ 88503\ 87534\ 32764\ 15727\ \cdots\cdots$

逆に，$\quad (1.41421)^2 = 1.99998\ 99241 \fallingdotseq 2$
$\quad\quad\quad (1.41421\ 35623)^2 = 1.99999\ 99997\ 93255\ 98129 \fallingdotseq 2$

「ここいらで良いのでは」と思いたいところです。それでも「違うものは違う」とあくまでも $=$ を追求して行きます。この循環しない無限小数は永遠にその全貌を見ることはできないのですが，どこまで見られるようになっていくのか。

(3) また，逆に大きい数の方では，次のような追求が続けられています。

それは，巨大な素数の発見です。メルセンヌ数 $M_n = 2^n - 1$ の中で素数になる**メルセンヌ素数 $M_p = 2^p - 1$** の発見です。

2017 年 12 月 26 日発見の $M_{77,232,917} = 2^{77,232,917} - 1$ (23,249,425 桁) は，1 つの数字を幅 5mm で書くと，約 116km にもなります。とんでもない桁数の素数です。手書きすると何日かかるのだろうか。まあ，実際に書く人はいないだろうけど。

☞ $\begin{bmatrix} \text{コンマ}(,)\text{の付いた数の読み方} \\ \text{下の桁のコンマより，}\textbf{千コンマ，百万コンマ，十億コンマ}\text{ と覚えるとよい} \end{bmatrix}$

1

目 次

1 整式の整理   **3**

2 整式の乗法   **3**
     2.1 指数法則 3
     2.2 整式の乗法（展開） 3

3 展開の公式   **4**
     3.1 展開の発展問題 5

4 因数分解   **6**
     4.1 因数分解の公式 6
     4.2 たすき掛け 6
     4.3 因数分解の 3 つの基本鉄則 8

5 実 数   **10**
     5.1 数の種類 10
     5.2 絶対値 10

6 根号を含む式の計算   **11**
     6.1 平方根 11
     6.2 分母の有理化 12
     6.3 対称式 13
     6.4 2 重根号をはずす 14
     6.5 整数部分と小数部分 15

7 不等式   **15**
     7.1 不等式の性質 15
     7.2 1 次不等式の解法 15
     7.3 連立不等式 16

8 絶対値を含む方程式・不等式   **17**

1　整式の整理

① **1つの文字に着目** して整理 ⟶ 他の文字は定数とみなして整理する

② **降べきの順** に整理 ⟶ 次数の高い順に並べる　（昇べきの順もある）
　　[descending order of powers]

　　　（例）　整式 $2x^2 - xy - 3y^2 + 7x + 2y + 5$ を **y について降べきの順に整理** すると
　　　　　　　　$-3y^2 - (x-2)y + 2x^2 + 7x + 5$

　　　　　これは，y について 2 次の整式で，2 次の項の係数は -3，
　　　　　1 次の項の係数は $-(x-2)$，定数項は $2x^2 + 7x + 5$ である

2　整式の乗法

2.1　指数法則

$$\begin{cases} ① & a^2 a^3 = a^{2+3} = a^5 \qquad [\text{☞ 指数を足す}] \qquad [\text{☞ } a^2 a^3 = (aa)(aaa)] \\ ② & (a^2)^3 = a^{2\times 3} = a^6 \qquad [\text{☞ 指数を掛ける}] \qquad [\text{☞ } (a^2)^3 = (aa)(aa)(aa)] \\ ③ & (ab)^3 = a^3 b^3 \qquad\quad [\text{☞ それぞれを 3 乗}] \qquad [\text{☞ } (ab)^3 = (ab)(ab)(ab)] \end{cases}$$

【 1 】　次の計算をせよ。

　　(1)　$(-2xy^3)^2 \times (-x^2 y)^3$　　　　　(2)　$(9ab^3 c)^2 \times \left(-\dfrac{1}{3} a^2 bc^3\right)^3$

解答

(1)
$$(-2xy^3)^2 \times (-x^2 y)^3$$
$$= (-2)^2 x^2 (y^3)^2 \times (-x^2)^3 y^3$$
$$= 4x^2 y^6 \times (-x^6)y^3$$
$$= -4x^8 y^9$$

(2)
$$(9ab^3 c)^2 \times \left(-\frac{1}{3} a^2 bc^3\right)^3$$
$$= 9^2 a^2 (b^3)^2 c^2 \times \left(-\frac{1}{3}\right)^3 (a^2)^3 b^3 (c^3)^3$$
$$= 81 a^2 b^6 c^2 \times \left(-\frac{1}{27}\right) a^6 b^3 c^9$$
$$= -3a^8 b^9 c^{11}$$

2.2　整式の乗法（展開）

【 2 】　次の計算をせよ。

　　(1)　$(x^2 - 2x + 3)(x - 2)$　　　　　(2)　$(a^3 - 3a + 2)(a + 1)$

解答

(1)

$$\begin{array}{r} x^2 - 2x + 3 \\ \times)\ \underline{ x - 2} \\ x^3 - 2x^2 + 3x \\ \underline{ -2x^2 + 4x - 6} \\ x^3 - 4x^2 + 7x - 6 \end{array}$$

　　　　　[☞ 頭をそろえる]
　　　　　[☞ 頭から計算]
　　　　　[☞ 頭から計算]
　　　　　[☞ 和を求める]

[☞　係数だけでも計算できる]

$$\begin{array}{r} 1 \quad -2 \quad 3 \\ \times)\ \underline{1 \quad -2 } \\ 1 \quad -2 \quad 3 \\ \underline{-2 \quad 4 \quad -6} \\ 1 \quad -4 \quad 7 \quad -6 \end{array}$$

（☞）右から順に，定数項，1 次，2 次，3 次

(2)　⟶ 次ページ

3

問【2】の (2) 解答

(2)

$$
\begin{array}{r}
a^3 \ \boxed{} - 3a + 2 \\
\times)\ \ a\ + 1 \\
\hline
a^4 \ \boxed{} - 3a^2 + 2a \\
a^3 \ \boxed{} - 3a + 2 \\
\hline
a^4 + a^3 - 3a^2 - a + 2
\end{array}
$$

← 次数がとんでいるときは開ける

[☞ 同じく，係数だけで]

$$
\begin{array}{rrrrr}
& 1 & \mathbf{0} & -3 & 2 \\
\times) & 1 & 1 & & \\
\hline
& 1 & 0 & -3 & 2 \\
1 & 1 & 0 & -3 & 2 \\
\hline
1 & 1 & -3 & -1 & 2
\end{array}
$$

3 　展開の公式

(1) ① $(a+b)^2 = a^2 + 2ab + b^2,\qquad (a-b)^2 = a^2 - 2ab + b^2$ 　[☞ 符号に注意]

　　　[☞ これを，まとめて書くと　$(a \pm b)^2 = a^2 \pm 2ab + b^2$ (複号同順)]

② $(a+b)(a-b) = a^2 - b^2$ 　　[☞ よく使う]

③ $(x+a)(x+b) = x^2 + (a+b)x + ab$ 　　　[☞ $x^2 + (和)x + (積)$]

(2) 　$\boxed{(ax+b)(cx+d) = ac\,x^2 + (ad + bc)x + bd}$

すなわち　　　　　$\boxed{前 \times 前}\,x^2 + (\boxed{外の積} + \boxed{内の積})x + \boxed{後 \times 後}$

　　　[☞ この公式は，色々な計算でよく使うので，十分習熟しておくこと]

(3) 　$(a+b+c)^2 = a^2 + b^2 + c^2 + 2(ab + bc + ca)$ 　　　　　[展開(expansion)]

【3】　次の式を展開せよ。
(1) $(x^2 + y^2)(x^2 - y^2)$ 　　　　(2) $(3a - 4b)^2$
(3) $(3x + 2y)(2x - 3y)$ 　　　　(4) $(2a - b - 3c)^2$

解答

(1) $(x^2 + y^2)(x^2 - y^2) = (x^2)^2 - (y^2)^2$ 　　　　[☞ $(a+b)(a-b) = a^2 - b^2$]
　　　　　　　　　　　　　$= x^4 - y^4$

(2) $(3a - 4b)^2 = (3a)^2 - 2(3a)(4b) + (4b)^2$ 　　　　[☞ まず公式通りに]
　　　　　　　　$= 9a^2 - 24ab + 16b^2$

(3) $(3x + 2y)(2x - 3y) = 6x^2 + (-9 + 4)xy - 6y^2$ 　　　　[☞ (外の積＋内の積)xy]
　　　　　　　　　　　　$= 6x^2 - 5xy - 6y^2$

(4) 　$(2a - b - 3c)^2$
　　$= \{2a + (-b) + (-3c)\}^2$ 　　　　[☞ 計算ミスしないように公式の形にする]
　　$= (2a)^2 + (-b)^2 + (-3c)^2 + 2(2a)(-b) + 2(-b)(-3c) + 2(-3c)(2a)$
　　$= 4a^2 + b^2 + 9c^2 - 4ab + 6bc - 12ca$

3.1 展開の発展問題

(☞)
① 何かを **ひとまとめ** にできないか ［☞ それを 1 つの文字で置き換えてもよい］
　または, **ひとまとめ** にできるものを作れないか

② 単純だが, 次の関係はよく使う
$$-a + b = -(a - b) \qquad -a - b = -(a + b)$$

【4】 次の式を展開せよ。

(1) $(x - 1)^2(x + 1)^2(x^2 + 1)^2$　　　　(2) $(a + b - c - d)(a - b + c - d)$

(3) $(x^2 + 3x - 2)(x^2 - 3x + 2)$　　　　(4) $(x - 1)(x + 1)(x + 3)(x + 5)$

解答

(1) ［☞ どこから先に, 何を先に計算するか？］

$$
\begin{aligned}
(x - 1)^2(x + 1)^2(x^2 + 1)^2 &= \{(x - 1)(x + 1)(x^2 + 1)\}^2 \qquad [\text{☞ 何を先に計算するか}]\\
&= \{(x^2 - 1)(x^2 + 1)\}^2 \qquad [\text{☞ } (A - B)(A + B) =]\\
&= (x^4 - 1)^2 \qquad [\text{☞ 最後に 2 乗の展開}]\\
&= x^8 - 2x^4 + 1
\end{aligned}
$$

---

(2) ［☞ 何かをひとまとめにできないか？ 組合せを考える］

$$
\begin{aligned}
&(a + b - c - d)(a - b + c - d) \qquad [\text{☞ } -A + B = -(A - B)]\\
&= \{(a - d) + (b - c)\}\{(a - d) - (b - c)\} \qquad [a - d = s,\ b - c = t \text{ と置き換えてもよい}]\\
&= (a - d)^2 - (b - c)^2\\
&= a^2 - 2ad + d^2 - (b^2 - 2bc + c^2)\\
&= a^2 - b^2 - c^2 + d^2 - 2ad + 2bc
\end{aligned}
$$

---

(3) ［☞ 何かをひとまとめにできないか？］

$$
\begin{aligned}
&(x^2 + 3x - 2)(x^2 - 3x + 2) \qquad [\text{☞ ひとまとめにできるものは}]\\
&= \{x^2 + (3x - 2)\}\{x^2 - (3x - 2)\} \qquad [\text{☞ } (A + B)(A - B) =]\\
&= (x^2)^2 - (3x - 2)^2\\
&= x^4 - (9x^2 - 12x + 4)\\
&= x^4 - 9x^2 + 12x - 4
\end{aligned}
$$

---

(4) ［☞ 展開の組合せを考える］

$$
\begin{aligned}
&(x - 1)(x + 1)(x + 3)(x + 5) \qquad [\text{☞ } (-1) + 5 = 1 + 3 = 4 \text{ だから}]\\
&= \{(x - 1)(x + 5)\}\{(x + 1)(x + 3)\}\\
&= (x^2 + 4x - 5)(x^2 + 4x + 3)\\
&= \{(x^2 + 4x) - 5\}\{(x^2 + 4x) + 3\} \qquad [\text{☞ } (A - 5)(A + 3)]\\
&= (x^2 + 4x)^2 - 2(x^2 + 4x) - 15 \qquad [\text{☞ } = A^2 - 2A - 15]\\
&= x^4 + 8x^3 + 16x^2 - 2x^2 - 8x - 15\\
&= x^4 + 8x^3 + 14x^2 - 8x - 15
\end{aligned}
$$

4 因数分解

4.1 因数分解の公式

(1) 共通因数 でくくる $\longrightarrow ma+mb=m(a+b)$

(☞) $\begin{cases} \text{まずこれが基本。難しい因数分解でもこれにつながることがよくある} \\ \text{特に，1つの文字について整理したとき，1次式なら共通因数でくくるのみ} \end{cases}$

[因数分解(factorization)，共通因数(common factor)]

(2) ① $a^2 \pm 2ab + b^2 = (a \pm b)^2$ （複号同順）

② $a^2 - b^2 = (a-b)(a+b)$ ［☞ よく使う］

③ $x^2 + (a+b)x + ab = (x+a)(x+b)$ ［☞ 次のたすき掛けとの関連で理解］

(☞) また，展開と同様に，次の関係に気づくと，先が見えてくる場合がよくある

① $-a+b = -(a-b)$ ② $-a-b = -(a+b)$

(例) $(a^2-b^2)x^2 - a - b = (a-b)(a+b)x^2 - (a+b)$
$= (a+b)\{(a-b)x^2 - 1\}$

4.2 たすき掛け

(1) 展開の公式 $(ax+b)(cx+d) = acx^2 + (ad+bc)x + bd$ の逆を考える

すなわち $ac,\ ad+bc,\ bd \xrightarrow[\text{(cross multiplication)}]{\text{たすき掛け}} a,\ b,\ c,\ d$ を見つける

こうして $acx^2 + (ad+bc)x + bd = (ax+b)(cx+d)$ と因数分解できる

その「たすき掛けの方法」とは，次のような方法である

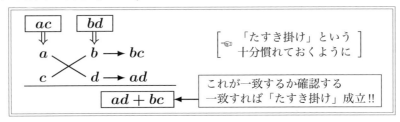

(☞) [これが一番よく使う因数分解といってもいい。十分習熟しておくように
また，慣れれば一発で $a,\ b,\ c,\ d$ を見つけられるようになるが，それまでは，ダメな場合は，
数を変えたり，上下を入れ替えたり，符号を付け替えたりしながら見つけていく]

(2) 2次式 $acx^2 + (ad+bc)x + bd$ において $a>0,\ c>0$ の場合を考える

[☞ x^2 の係数が $-$ のときは $-\{acx^2+(ad+bc)x+bd\}$ とする]

このとき bd の符号 から見た「たすき掛け」の2つのタイプ

① 「$bd>0 \iff b, d$ が同符号」のタイプ ［☞ $b<0, d<0$ のときは $ad+bc<0$］

① $2x^2 + 7x + 6$
$= (2x+3)(x+2)$

$\begin{array}{r} 2 \times 3 \rightarrow 3 \\ 1 2 \rightarrow 4 \\ \hline 7 \end{array}$

② $3x^2 - 17x + 10$
$= (3x-2)(x-5)$

$\begin{array}{r} 3 \times -2 \rightarrow -2 \\ 1 -5 \rightarrow -15 \\ \hline -17 \end{array}$

② → 次ページ

② 「$bd < 0 \iff b, d$ が異符号」のタイプ　[☞ b, d のどちらかに $-$ をつける]

1　$4x^2 + 4x - 3$
$= (2x+3)(2x-1)$

$$\begin{array}{ccc} 2 & \!\!\diagup\!\! & 3 \to 6 \\ 2 & & -1 \to -2 \\ \hline & & 4 \end{array}$$

2　$6x^2 - x - 2$
$= (3x-2)(2x+1)$

$$\begin{array}{ccc} 3 & \!\!\diagup\!\! & -2 \to -4 \\ 2 & & 1 \to 3 \\ \hline & & -1 \end{array}$$

(3)　この「たすき掛け」は，次のような2文字以上の式にも拡張される

整式　$6x^2 + (7y+8)x + (y+2)(2y+1)$ に対して，
たすき掛けは右の図のようになる。これより，
$$6x^2 + (7y+8)x + (y+2)(2y+1)$$
$$= (2x + y + 2)(3x + 2y + 1)$$
と因数分解できる

$$\begin{array}{ccc} 2 & \!\!\diagup\!\! & y+2 \to 3y+6 \\ 3 & & 2y+1 \to 4y+2 \\ \hline & & 7y+8 \end{array}$$

【5】　次の式を因数分解せよ。
(1)　$12x^2 - 36x + 27$
(2)　$a^2 - (b-c)^2$
(3)　$3x^2 + 10x + 8$
(4)　$24a^2 - 28a + 8$
(5)　$8x^2 - 2xy - 3y^2$
(6)　$2a^2 - 3a - (2b+1)(b-1)$

解答

(1)　$12x^2 - 36x + 27 = 3(4x^2 - 12x + 9)$　[☞ まず，共通因数でくくる]
$\qquad\qquad\qquad\qquad\quad\; = 3(2x-3)^2$　[☞ $A^2 - 2AB + B^2 = (A-B)^2$]

---

(2)　$a^2 - (b-c)^2 = \{a - (b-c)\}\{a + (b-c)\}$　[☞ $A^2 - B^2 = (A-B)(A+B)$]
$\qquad\qquad\quad\; = (a - b + c)(a + b - c)$　[☞ 符号に注意]

---

(3)　$3x^2 + 10x + 8 = (3x+4)(x+2)$　←

$$\begin{array}{ccc} 3 & \!\!\diagup\!\! & 4 \to 4 \\ 1 & & 2 \to 6 \\ \hline & & 10 \end{array}$$

---

(4)　$24a^2 - 28a + 8 = 4(6a^2 - 7a + 2)$
$\qquad\qquad\qquad\; = 4(3a-2)(2a-1)$　←

$$\begin{array}{ccc} 3 & \!\!\diagup\!\! & -2 \to -4 \\ 2 & & -1 \to -3 \\ \hline & & -7 \end{array}$$

---

(5)　$8x^2 - 2xy - 3y^2 = 8x^2 - 2yx - 3y^2$
$\qquad\qquad\qquad\;\; = (2x+y)(4x-3y)$　←

$$\begin{array}{ccc} 2 & \!\!\diagup\!\! & y \to 4y \\ 4 & & -3y \to -6y \\ \hline & & -2y \end{array}$$

[☞ 数だけでたすき掛けし，答を書くときに y を付けてもよい]

---

(6)　$2a^2 - 3a - (2b+1)(b-1)$
$= \{2a - (2b+1)\}\{a + (b-1)\}$　←
$= (2a - 2b - 1)(a + b - 1)$

$$\begin{array}{ccc} 2 & \!\!\diagup\!\! & -(2b+1) \to -2b-1 \\ 1 & & b-1 \to 2b-2 \\ \hline & & -3 \end{array}$$

7

4.3 因数分解の3つの基本鉄則

次の3つの **基本鉄則** を，問題解法を通じてマスターしておくことが大切

$$\begin{cases} [\text{I}] & \text{公式が使えるように，} \textbf{何かをひとまとめ} \text{にする} \\ [\text{II}] & \text{2つ以上の文字があるときは，} \textbf{次数の低い文字} \text{について整理する} \\ [\text{III}] & \text{どの文字についても次数が同じときは，} \textbf{1つの文字} \text{について整理する} \end{cases}$$

[I] 何かをひとまとめにして公式を使う問題

【6】 次の式を因数分解せよ。

(1) $4x^4 + 11x^2 - 3$ (2) $4a^2 - b^2 + 12a + 9$

(3) $(x+1)(x+2)(x+3)(x+4) + 1$ (4) $a^4 - 7a^2 + 9$

解答

(1) $4x^4 + 11x^2 - 3$ $\longrightarrow$ $x^2 = A$ とおくと $4A^2 + 11A - 3$

$= 4(x^2)^2 + 11x^2 - 3$ (☞) その後は，たすき掛け

$= (4x^2 - 1)(x^2 + 3)$

$= (2x-1)(2x+1)(x^2+3)$

$$\begin{array}{ccc} 4 & \diagdown & -1 \to -1 \\ 1 & \diagup & 3 \to 12 \\ \hline & & 11 \end{array}$$

(2) $4a^2 - b^2 + 12a + 9 = (4a^2 + 12a + 9) - b^2$ [☞ 何をひとまとめにするか？]

$\qquad\qquad\qquad\qquad = (2a+3)^2 - b^2$ [☞ $A^2 - B^2$]

$\qquad\qquad\qquad\qquad = (2a+3-b)(2a+3+b)$

$\qquad\qquad\qquad\qquad = (2a-b+3)(2a+b+3)$ [☞ 文字順，定数項は最後]

---

(3) $(x+1)(x+2)(x+3)(x+4) + 1$ [☞ どうひとまとめを作るか]

$= \{(x+1)(x+4)\}\{(x+2)(x+3)\} + 1$ [☞ $1+4 = 2+3 = 5$]

$= \{(x^2+5x)+4\}\{(x^2+5x)+6\} + 1$ [☞ x^2+5x をひとまとめにできる]

$= (x^2+5x)^2 + 10(x^2+5x) + 25$ [☞ $A^2+10A+25 = (A+5)^2$]

$= (x^2+5x+5)^2$ [☞ $5 = 5\times1,\ 5+1 = 6$ *i.e.* 因数分解できない]

---

(4) $a^4 - 7a^2 + 9$ [☞ $A^2 - 7A + 9$ でなく $A^2 - 6A + 9$ では]

$= (a^2)^2 - 6a^2 + 9 - a^2$

$= (a^2-3)^2 - a^2$

$= \{(a^2-3)-a\}\{(a^2-3)+a\}$

$= (a^2-a-3)(a^2+a-3)$

[II] 次数の低い文字について整理する

【7】 次の式を因数分解せよ。

(1) $x^2y + 3x^2 - 4y - 12$ (2) $a^3 + a^2b - 3a^2 - 9b$

(3) $x^2 + 4y^2 - 4xy + 6yz - 3zx$

解答 → 次ページ

問【7】の解答

(1) $x^2y + 3x^2 - 4y - 12$　　　　[☞ x について 2 次, y について 1 次]

　　$= (x^2 - 4)y + 3(x^2 - 4)$　　　　[☞ y について整理]

　　$= (x^2 - 4)(y + 3)$　　　　[☞ 1 次式は共通因数でくくるのみ]

　　$= (x - 2)(x + 2)(y + 3)$

---

(2) $a^3 + a^2b - 3a^2 - 9b$　　　　[☞ a について 3 次, b について 1 次]

　　$= (a^2 - 9)b + a^2(a - 3)$　　　　[☞ b について整理]

　　$= (a - 3)(a + 3)b + a^2(a - 3)$　　　[☞ 1 次式は共通因数でくくるのみ]

　　$= (a - 3)(a^2 + ab + 3b)$

---

(3) $x^2 + 4y^2 - 4xy + 6yz - 3zx$　　　　[☞ x, y について 2 次, z について 1 次]

　　$= (6y - 3x)z + (x^2 - 4xy + 4y^2)$　　　　[☞ z について整理]

　　$= -3(x - 2y)z + (x - 2y)^2$　　　　[☞ 1 次式は共通因数でくくるのみ]

　　$= (x - 2y)(x - 2y - 3z)$

[Ⅲ]　次数が同じときは，**i うの文字について整理**する

【8】　次の式を因数分解せよ。

　　　(1)　$x^2 + xy - 2y^2 - x - 5y - 2$　　　　(2)　$6a^2 - ab - 2b^2 + a - 3b - 1$

　　　(3)　$(x - y)z^2 + (y - z)x^2 + (z - x)y^2$

　　　(4)　$2(b + 2c)a^2 + 2(c + 2a)b^2 + 2(a + 2b)c^2 + 9abc$

解答

(1)　$x^2 + xy - 2y^2 - x - 5y - 2$　　　　[☞ x についても, y についても 2 次]

　　$= x^2 + (y - 1)x - (2y^2 + 5y + 2)$

　　$= x^2 + (y - 1)x - (2y + 1)(y + 2)$

　　$= \{x + (2y + 1)\}\{x - (y + 2)\}$

　　$= (x + 2y + 1)(x - y - 2)$

---

(2)　$6a^2 - ab - 2b^2 + a - 3b - 1$　　　　[☞ a についても, b についても 2 次]

　　$= 6a^2 - (b - 1)a - (2b^2 + 3b + 1)$

　　$= 6a^2 - (b - 1)a - (2b + 1)(b + 1)$

　　$= \{3a - (2b + 1)\}\{2a + (b + 1)\}$

　　$= (3a - 2b - 1)(2a + b + 1)$

---

(3)　$(x - y)z^2 + (y - z)x^2 + (z - x)y^2$　　　　[☞ どの文字についても 2 次]

　　$= (y - z)x^2 + (z^2 - y^2)x - yz^2 + y^2z$　　　　[☞ x について整理すると見えてくる]

　　$= (y - z)x^2 - (y - z)(y + z)x + yz(y - z)$　　　　[☞ $y - z$ が共通因数]

　　$= (y - z)\{x^2 - (y + z)x + yz\}$

　　$= (y - z)(x - y)(x - z)$

　　$= -(x - y)(y - z)(z - x)$　　　　[☞ $x \to y \to z \to x$ の順に式の整理]

(4)　→ 次ページ

問【8】の 解答

(4) $\quad 2(b+2c)a^2 + 2(c+2a)b^2 + 2(a+2b)c^2 + 9abc$ 　　　[☞ どの文字についても 2 次]
$= 2(b+2c)a^2 + 2b^2c + 4ab^2 + 2ac^2 + 4bc^2 + 9abc$ 　　　[☞ a について整理]
$= 2(b+2c)a^2 + (4b^2 + 9bc + 2c^2)a + 2bc(b+2c)$ 　　　[☞ たすき掛け]
$= 2(b+2c)a^2 + (4b+c)(b+2c)a + 2bc(b+2c)$ 　　　[☞ 共通因数が見つかる]
$= (b+2c)\{2a^2 + (4b+c)a + 2bc\}$
$= (b+2c)(2a+c)(a+2b)$
$= (a+2b)(b+2c)(c+2a)$

$\begin{array}{ccc} 2 & c \to & c \\ 1 & 2b \to & 4b \\ \hline & & 4b+c \end{array}$

5　実　数

5.1　数の種類

(1) 自然数 (natural number) ⟶ 1, 2, 3, 4, 5, …… 　　　[☞ **0 は含まない**]

(2) 整数 (integer) ⟶ $\underbrace{……, -3, -2, -1}_{\text{負の整数 (negative integer)}}$, 0, $\underbrace{1, 2, 3, ……}_{\text{正の整数 (positive integer)(自然数)}}$

(3) 有理数 (rational number) ⟶ 分数の形 $\left(\dfrac{\text{整数}}{\text{整数}}\right)$ で表される数　　[☞ 整数も含まれる $\left(3 = \dfrac{3}{1}\right)$]

　　① **有限小数** となる有理数　　(例) $\dfrac{1}{8} = 0.125$, $\dfrac{13}{40} = 0.325$

　　② **循環小数** となる有理数　　(例) $\dfrac{22}{7} = 3.\underbrace{142857}_{\text{循環節}}\underbrace{142857}_{\text{循環節}}…… = 3.\dot{1}4285\dot{7}$

(4) 無理数 (irrational number) ⟶ 分数の形で表されない数，すなわち，**循環しない無限小数** となる数
　　(例) $\sqrt{2} = 1.41421\ 35623\ 73095\ 04880\ 16887\ 24209\ 69807\ 85696\ 71875\ 37694\ ……$
　　　　[ちなみに $(1.41421\ 35623)^2 = 1.99999\ 99997\ ……$]
　　　$\pi = 3.14159\ 26535\ 89793\ 23846\ 26433\ 83279\ 50288\ 41971\ 69399\ 37510\ ……$
　　　[☞ 誰もその全貌を見ることはできないが，重要な数である。無理数なくして数学なし]

(5) 実数 (real number) $= \begin{cases} \text{有理数} \\ \text{無理数} \end{cases}$ ⟶ 実数全体で，隙間のない **数直線** を構成する

5.2　絶対値

(1) 数直線上で，原点 O と座標が a である点 P との距離 OP を
　　a の 絶対値 (absolute value) といい，$|a|$ とかく
　　(例) $|0| = 0$, $|3| = 3$, $|-3| = 3$
　　　　(☞) 右図参照

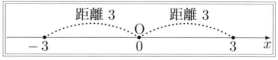

一般に　$|a| = \begin{cases} a & (a \geqq 0 \text{ のとき}) \\ -a & (a < 0 \text{ のとき}) \end{cases}$　　☞ 確実に納得しておくこと
　　　　　　　　　　　　　　　　　　　　　　　　$|-3| = -(-3) = 3$

(2) 絶対値の性質

① $|a| \geqq 0$ 　　　　 [☞ 式 $|x-3|=2x$ においては 当然 $x \geqq 0$]

② $|a|^2 = a^2$ 　　　 ③ $|x| = 3 \iff x^2 = 3^2 \iff x = \pm 3$

(3) 数直線上の 2 点 A(a)，B(b) 間の距離 AB は 　　$\boxed{\mathbf{AB} = |b-a|}$

(☞) $\begin{cases} \text{これは} \quad a,\ b \ \text{の大小に関係なく成り立つ。} \quad [☞ \text{こういうことのために絶対値がある}] \\ (例) \quad 2 \text{点 A}(-1),\ \text{B}(-5) \text{ に対して,} \quad \text{AB} = |-5-(-1)| = |-4| = 4 \end{cases}$

6 　根号を含む式の計算

6.1 　平方根

(1)
$\boxed{} \xrightarrow{\text{2 乗すると}} a \quad (a > 0)$

$\boxed{a \text{ の平方根 (2 乗根)}} \longrightarrow$ 正の方を $\sqrt{a}$，　負の方を $-\sqrt{a}$ とかく
[平方根 (square root)]

（例） 4 の平方根は $\sqrt{4} = 2$ と $-\sqrt{4} = -2$。　また，3 の平方根は $\sqrt{3}$ と $-\sqrt{3}$

(2) 平方根の性質

① $a \geqq 0$ のとき 　$\boxed{\sqrt{a} \geqq 0}$，　$\boxed{(\sqrt{a})^2 = a}$

② $\boxed{\sqrt{a^2} = |a| = \begin{cases} a & (a \geqq 0 \text{ のとき}) \\ -a & (a < 0 \text{ のとき}) \end{cases}}$ 　　 [☞ 理解・納得しておくこと]

(☞) 一般的な形で書くとこうなるが，具体的に数では
$\sqrt{2^2} = |2| = 2, \quad \sqrt{(-3)^2} = |-3| = -(-3) = 3$ または $\sqrt{(-3)^2} = \sqrt{9} = 3$

(3) 平方根の計算 $(a > 0,\ b > 0,\ k > 0$ のとき$)$

① $\sqrt{a}\sqrt{b} = \sqrt{ab}$ 　　　 ② $\dfrac{\sqrt{a}}{\sqrt{b}} = \sqrt{\dfrac{a}{b}}$ 　　　 ③ $\sqrt{k^2 a} = k\sqrt{a}$

（③ の例） $\sqrt{12} = \sqrt{2^2 \cdot 3} = 2\sqrt{3}$ 　　 [☞ $\sqrt{}$ の中は，常により小さい数にすること]

【9】 　次の計算をせよ。
(1) $\sqrt{12} + \sqrt{27} - \sqrt{75} + \sqrt{108}$ 　　 (2) $(2\sqrt{3} - 3\sqrt{2})^2$
(3) $(\sqrt{5} + 2\sqrt{2})(\sqrt{5} - 2\sqrt{2})$ 　　 (4) $(2\sqrt{2} + 3\sqrt{3})(3\sqrt{2} - 4\sqrt{3})$

解答

(1) $\sqrt{12} + \sqrt{27} - \sqrt{75} + \sqrt{108} = 2\sqrt{3} + 3\sqrt{3} - 5\sqrt{3} + 6\sqrt{3}$
$= 6\sqrt{3}$

(2) $(2\sqrt{3} - 3\sqrt{2})^2 = (2\sqrt{3})^2 - 2(2\sqrt{3})(3\sqrt{2}) + (3\sqrt{2})^2$ 　　 [☞ $(A+B)^2 =$]
$= 12 - 12\sqrt{6} + 18$
$= 30 - 12\sqrt{6}$

(3), (4) → 次ページ

問【9】の 解答
(3) $(\sqrt{5}+2\sqrt{2})(\sqrt{5}-2\sqrt{2}) = (\sqrt{5})^2 - (2\sqrt{2})^2$ 　　　[☞ $(A+B)(A-B)=$]
$= 5-8$
$= -3$

(4) $(2\sqrt{2}+3\sqrt{3})(3\sqrt{2}-4\sqrt{3})$ 　　　[☞ $(ax+b)(cx+d)=$]
$= 6(\sqrt{2})^2 + (-8+9)\sqrt{2}\sqrt{3} - 12(\sqrt{3})^2$
$= 12 + \sqrt{6} - 36$
$= -24 + \sqrt{6}$

6.2 分母の有理化

分母の有理化 ⟶ 分母を有理数にする。すなわち分母から $\sqrt{}$ を消す
[有理化(rationalization)]

(例) ① $\dfrac{1}{\sqrt{2}} = \dfrac{1 \times \sqrt{2}}{(\sqrt{2})^2}$ 　　　[☞ 分子・分母に $\sqrt{2}$ を掛けて $(\sqrt{a})^2 = a$]

$= \dfrac{\sqrt{2}}{2}$ 　　　[☞ もとの $\dfrac{1}{\sqrt{2}}$ より分かりやすい (約 0.7 ということも分かる)]

② $(A+B)(A-B) = A^2 - B^2$ を利用して分母から $\sqrt{}$ を消す

$\dfrac{2\sqrt{5}+\sqrt{2}}{\sqrt{5}+2\sqrt{2}} = \dfrac{(2\sqrt{5}+\sqrt{2})(\sqrt{5}-2\sqrt{2})}{(\sqrt{5}+2\sqrt{2})(\sqrt{5}-2\sqrt{2})}$ 　　　$\left[\text{☞ 分母・分子に} \atop \sqrt{5}-2\sqrt{2} \text{ を掛ける}\right]$

$= \dfrac{10 - 3\sqrt{10} - 4}{5 - 8}$ 　　　[分母の -3 で分母・分子を割る]

$= -2 + \sqrt{10}$ 　　　[☞ もとの式と比較すると，非常に見やすい]

【10】 次の計算をせよ。
(1) $\dfrac{1}{2\sqrt{3}-3\sqrt{2}} - \dfrac{1}{2\sqrt{3}+3\sqrt{2}}$ 　　　(2) $\dfrac{1}{1+\sqrt{2}} - \dfrac{1}{\sqrt{2}+\sqrt{3}} - \dfrac{1}{\sqrt{3}+2}$

解答
(1) $\dfrac{1}{2\sqrt{3}-3\sqrt{2}} - \dfrac{1}{2\sqrt{3}+3\sqrt{2}} = \dfrac{2\sqrt{3}+3\sqrt{2}-(2\sqrt{3}-3\sqrt{2})}{(2\sqrt{3}-3\sqrt{2})(2\sqrt{3}+3\sqrt{2})}$

$= \dfrac{6\sqrt{2}}{12-18}$

$= -\sqrt{2}$

(2) $\dfrac{1}{1+\sqrt{2}} - \dfrac{1}{\sqrt{2}+\sqrt{3}} - \dfrac{1}{\sqrt{3}+2}$

$= \dfrac{1-\sqrt{2}}{(1+\sqrt{2})(1-\sqrt{2})} - \dfrac{\sqrt{2}-\sqrt{3}}{(\sqrt{2}+\sqrt{3})(\sqrt{2}-\sqrt{3})} - \dfrac{\sqrt{3}-2}{(\sqrt{3}+2)(\sqrt{3}-2)}$

$= -(1-\sqrt{2}) + (\sqrt{2}-\sqrt{3}) + (\sqrt{3}-2)$

$= -3 + 2\sqrt{2}$

6.3 対称式

(1)　x と y を入れ替えても同じ式を 対称式 (symmetric expression) という

(例)　① $xy = yx$　　② $x + y = y + x$　　③ $x^3 + y^3 = y^3 + x^3$　　④ $\dfrac{y}{x} + \dfrac{x}{y} = \dfrac{x}{y} + \dfrac{y}{x}$

(2)　対称式は，**基本対称式** xy と $x + y$ で表せる

① $(x + y)^2 = x^2 + 2xy + y^2$ $\longrightarrow$ $$x^2 + y^2 = (x + y)^2 - 2xy$$

②
$$
\begin{aligned}
(x + y)^3 &= (x + y)^2(x + y) = (x^2 + 2xy + y^2)(x + y) \\
&= x^3 + 3x^2 y + 3xy^2 + y^3 \quad [\, \text{☞ 数Ⅱで改めて出てくる}\,] \\
&= x^3 + y^3 + 3xy(x + y)
\end{aligned}
$$

$\longrightarrow$ $$x^3 + y^3 = (x + y)^3 - 3xy(x + y)$$

(3)　(2)において　$y = \dfrac{1}{x}$ のとき，x と $\dfrac{1}{x}$ の対称式には次の関係がある

① $x^2 + \dfrac{1}{x^2} = \left(x + \dfrac{1}{x}\right)^2 - 2$

② $x^3 + \dfrac{1}{x^3} = \left(x + \dfrac{1}{x}\right)^3 - 3\left(x + \dfrac{1}{x}\right)$

【11】　$x = \dfrac{\sqrt{3} - \sqrt{7}}{\sqrt{3} + \sqrt{7}}$，　$y = \dfrac{\sqrt{3} + \sqrt{7}}{\sqrt{3} - \sqrt{7}}$ のとき，次の式の値を求めよ。

(1)　$x^2 + y^2$　　　　　　　　(2)　$x^3 + y^3$

解答　[☞ 対称式だから，まず基本対称式 $x + y$ と xy の値を求めて利用する]

(1)
$$
\begin{aligned}
x + y &= \frac{\sqrt{3} - \sqrt{7}}{\sqrt{3} + \sqrt{7}} + \frac{\sqrt{3} + \sqrt{7}}{\sqrt{3} - \sqrt{7}} \\
&= \frac{(\sqrt{3} - \sqrt{7})^2 + (\sqrt{3} + \sqrt{7})^2}{(\sqrt{3} + \sqrt{7})(\sqrt{3} - \sqrt{7})} \\
&= \frac{10 - 2\sqrt{21} + 10 - 2\sqrt{21}}{3 - 7} \\
&= -5
\end{aligned}
$$

また
$$
\begin{aligned}
xy &= \frac{\sqrt{3} - \sqrt{7}}{\sqrt{3} + \sqrt{7}} \cdot \frac{\sqrt{3} + \sqrt{7}}{\sqrt{3} - \sqrt{7}} \\
&= 1
\end{aligned}
$$

このとき
$$
\begin{aligned}
x^2 + y^2 &= (x + y)^2 - 2xy \\
&= (-5)^2 - 2 \cdot 1 \\
&= 23
\end{aligned}
$$
　　よって　$x^2 + y^2 = 23$

---

(2)
$$
\begin{aligned}
x^3 + y^3 &= (x + y)^3 - 3xy(x + y) \\
&= (-5)^3 - 3(-5) \\
&= -110
\end{aligned}
$$
　　よって　$x^3 + y^3 = -110$

(☞) 問【11】は $\left[\, x = \dfrac{\sqrt{3} - \sqrt{7}}{\sqrt{3} + \sqrt{7}}\ \text{のとき，}\ x^2 + \dfrac{1}{x^2},\ x^3 + \dfrac{1}{x^3}\ \text{の値を求めよ}\,\right]$ と実質的に同問題

(☞)   対称式に対して，　$\boxed{\text{交代式}}$ (alternating expression) というのもある

それは $x,\ y$ を入れ変えると符号が変わる式で，次のような式である

$\boxed{1}$　$x - y = -(y - x)$　　　　$\boxed{2}$　$x^2 - y^2 = -(y^2 - x^2)$

$\boxed{3}$　$x^3 - y^3 = -(y^3 - x^3)$

交代式は，次のように　$\boxed{x - y}$　と基本対称式　$xy,\ x + y$　で表せる

①　$\boxed{\boxed{x^2 - y^2 = (x - y)(x + y)}}$

$(x-y)^3 = \{x+(-y)\}^3 = x^3 + 3x^2(-y) + 3x(-y)^2 + (-y)^3$
$\qquad\qquad = x^3 - 3x^2 y + 3xy^2 - y^3$

これより　$(x - y)^3 = x^3 - 3xy(x - y) - y^3$　だから

②　$\boxed{\boxed{x^3 - y^3 = (x - y)^3 + 3xy(x - y)}}$

6.4　2重根号をはずす

$a > b > 0$ のとき　$(\sqrt{a} \pm \sqrt{b})^2 = a \pm 2\sqrt{ab} + b$ で，$\sqrt{a} \pm \sqrt{b} > 0$ だから

$$\boxed{\sqrt{a + b \pm 2\sqrt{ab}} = \sqrt{a} \pm \sqrt{b}}$$　（複号同順）

[☞ 複号同順の意味は，複号 ($\pm, \mp$) は，上同士・下同士の関係だということ]

すなわち　$\boxed{\boxed{\sqrt{\text{和} \pm 2\sqrt{\text{積}}} = \sqrt{\text{大}} \pm \sqrt{\text{小}}}}$　　[☞ 大きい方を先にかけば問題なし]

（例）　$\sqrt{7 - 2\sqrt{12}} = \sqrt{(4 + 3) - 2\sqrt{4 \cdot 3}}$
$\qquad\qquad\qquad = \sqrt{4} - \sqrt{3}$
$\qquad\qquad\qquad = 2 - \sqrt{3}$

【12】　次の式を簡単にせよ。
(1)　$\sqrt{8 - \sqrt{60}}$　　　　(2)　$\sqrt{7 + 4\sqrt{3}}$　　　　(3)　$\sqrt{5 - \sqrt{21}}$

$\boxed{\text{解答}}$　[☞ $\sqrt{\ \ }$ の中を　$2\sqrt{\ \ }$ の形にするには？]

(1)　$\sqrt{8 - \sqrt{60}} = \sqrt{8 - 2\sqrt{15}}$
$\qquad\qquad\qquad = \sqrt{5} - \sqrt{3}$

(2)　$\sqrt{7 + 4\sqrt{3}} = \sqrt{7 + 2\sqrt{12}}$
$\qquad\qquad\qquad = \sqrt{4} + \sqrt{3}$
$\qquad\qquad\qquad = 2 + \sqrt{3}$

(3)　$\sqrt{5 - \sqrt{21}} = \sqrt{\dfrac{10 - 2\sqrt{21}}{2}}$
$\qquad\qquad\qquad = \dfrac{\sqrt{10 - 2\sqrt{21}}}{\sqrt{2}}$
$\qquad\qquad\qquad = \dfrac{\sqrt{7} - \sqrt{3}}{\sqrt{2}}$
$\qquad\qquad\qquad = \dfrac{\sqrt{14} - \sqrt{6}}{2}$

[☞ 最後は必ず有理化すること]

6.5 整数部分と小数部分

$\sqrt{5} = 2.23606\ 79774\ 99789\ 69640\cdots$ に対して，
2 を $\sqrt{5}$ の **整数部分**，$0.23606\ 79774\ 99789\ 69640\cdots$ を **小数部分** というが，
小数部分については $0.23606\cdots$ では正確でないので，正確には $\sqrt{5}-2$ とかく

【13】 $a = \sqrt{9+4\sqrt{2}}$ について，次の問に答えよ。
(1) a を簡単にせよ。 (2) a の指数部分と小数部分を求めよ。

解答

(1)
$$\begin{aligned}a &= \sqrt{9+4\sqrt{2}} \\ &= \sqrt{9+2\sqrt{8}} \\ &= 1+\sqrt{8} \\ &= 1+2\sqrt{2}\end{aligned}$$
$\therefore a = 1+2\sqrt{2}$

(2) (1) より $a = 1+\sqrt{8}$
このとき $4 < 8 < 9$ より $2 < \sqrt{8} < 3$
これより $3 < 1+\sqrt{8} < 4$ すなわち $3 < a < 4$
したがって a の整数部分は 3
小数部分は $1+2\sqrt{2}-3 = -2+2\sqrt{2}$

(☞) $\left[\begin{array}{l}1 < \sqrt{2} < 2 \text{ から判断すると，} 3 < 1+2\sqrt{2} < 5 \text{ となり，}\\ \text{整数部分が } 3 \text{ か } 4 \text{ か判断できないので注意！}\end{array}\right]$

7 不等式

7.1 不等式の性質

(1) 任意の c に対して (c の符号に関係なく) $\quad a<b \iff a+c<b+c$

(例) $3x+2 > 0$ より $3x > -2$ [☞ 「移項する」という]

---

(2) ① $a<b,\ c>0 \implies ac<bc,\ \dfrac{a}{c}<\dfrac{b}{c}$ $\quad [\text{☞ } ac-bc=(a-b)c<0]$

② $a<b,\ c<0 \implies ac>bc,\ \dfrac{a}{c}>\dfrac{b}{c}$ $\quad \left[\text{☞ } \begin{array}{l}\text{負の数を掛けると，}\\ \text{不等号の向きが変わる}\end{array}\right]$

(例) ① ⟶ $2x<3$ より $x<\dfrac{3}{2}$ ② ⟶ $-4x \geqq 1$ より $x \leqq -\dfrac{1}{4}$

7.2 1次不等式の解法

(1) 1次不等式 $4x+2 < 7x+11$ の解法

$\quad 4x-7x < 11-2 \quad$ [☞ 不等式の性質(1)を使って移項]
$\quad\quad -3x < 9$
$\quad \therefore x > -3 \quad$ [☞ −(マイナス) で割るので注意！]

(参考) 図示すると，次の斜線部分である

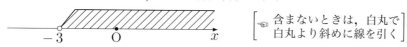

$\left[\text{☞ } \begin{array}{l}\text{含まないときは，白丸で}\\ \text{白丸より斜めに線を引く}\end{array}\right]$

(2) → 次ページ

(2) 1次不等式 $\dfrac{2}{3}x - \dfrac{1}{2} \leqq -\dfrac{1}{3}x - \dfrac{3}{2}$ の解法

両辺に6を掛けると $4x - 3 \leqq -2x - 9$ 　　[☞ 正を掛けるか，負を掛けるかで要注意]

これより $6x \leqq -6$

∴ $x \leqq -1$

(参考) 図示すると，次の斜線部分である

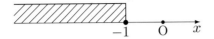

[☞ 含むときは，黒丸で 黒丸より垂直に線を引く]

【14】 次の不等式を解け。
(1) $3x + 2 < 5x - 2 + 6(x+2)$
(2) $\dfrac{1}{2}x + \dfrac{2}{3} \geqq \dfrac{1}{4}(3x+2)$

解答

(1) 与式より
$3x + 2 < 5x - 2 + 6x + 12$
$3x + 2 < 11x + 10$
$-8x < 8$
∴ $x > -1$

(2) 与式の両辺に 12 を掛けると
$6x + 8 \geqq 3(3x+2)$
$6x + 8 \geqq 9x + 6$
$-3x \geqq -2$
∴ $x \leqq \dfrac{2}{3}$

7.3 連立不等式

連立不等式 $\begin{cases} 3x + 7 > -2x - 8 & \cdots\cdots ① \\ 8x - 11 \leqq 2x + 19 & \cdots\cdots ② \end{cases}$ の解法　　[☞ 左中括弧 { で書かれた 複数の式は，全ての式を 同時に満たすという意味]

① より $5x > -15$ ∴ $x > -3$ ……①′

② より $6x \leqq 30$ ∴ $x \leqq 5$ ……②′

よって，求める解は ①′，②′をともに満たす範囲だから

$-3 < x \leqq 5$

(参考) ①′，②′を図示すると，次のようになる

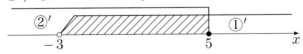

求める解は ①′，②′を同時に満たす範囲で，図の斜線部分だから

$-3 < x \leqq 5$　　[読み方 ☞ x は -3 より大きく，かつ 5 以下である]

【15】 次の連立不等式を解け。
(1) $\begin{cases} 7(x-1) < 2x + 3 \\ 3x + 6 \geqq -2(x+2) \end{cases}$
(2) $2(x+1) + 3 \leqq 3x + 5 < x + 7$

解答　　[☞ $A < B < C \iff$ 連立不等式 $\begin{cases} A < B \\ B < C \end{cases}$]

問【15】の 解答

(1) $\begin{cases} 7(x-1) < 2x+3 & \cdots\cdots ① \\ 3x+6 \geqq -2(x+2) & \cdots\cdots ② \end{cases}$ とおく

① より　$5x < 10$
　　　　　$\therefore\ x < 2 \cdots\cdots ①'$
② より　$5x \geqq -10$
　　　　　$\therefore\ x \geqq -2 \cdots\cdots ②'$
よって，①'，②' より求める解は
　　　$-2 \leqq x < 2$

(2)　与式より
$\begin{cases} 2(x+1)+3 \leqq 3x+5 & \cdots\cdots ① \\ 3x+5 < x+7 & \cdots\cdots ② \end{cases}$ とおく

① より　$-x \leqq 0$
　　　　　　　$\therefore\ x \geqq 0 \cdots\cdots ①'$
② より　$2x < 2$
　　　　　　　$\therefore\ x < 1 \cdots\cdots ②'$
よって，①'，②' より求める解は
　　　$0 \leqq x < 1$

8　絶対値を含む方程式・不等式

(1)　絶対値の復習

①　$|a| = \begin{cases} a & (a \geqq 0 \text{ のとき}) \\ -a & (a < 0 \text{ のとき}) \end{cases}$ 　　［☞ $|-3| = -(-3) = 3$］

②　$|a| \geqq 0$ 　　［☞ 式 $|x-3| = 2x$ においては 当然 $x \geqq 0$］

③　$|a|^2 = a^2$ 　　［☞ $|x| = 3 \iff x^2 = 3^2$］

_____

(2)　絶対値を含む方程式・不等式

①　$\boxed{\boxed{|x| = 3}}$ $\xrightarrow{\text{解は}}$ $x = \pm 3$ 　　［☞ 原点からの距離が 3］

　　［☞ $|x| = 3 \iff x^2 = 3^2 \iff x = \pm 3$］

②　$\boxed{\boxed{|x| < 3}}$ $\xrightarrow{\text{解は}}$ $-3 < x < 3$ 　　［☞ 原点からの距離が 3 より小さい］

　　［☞ $|x| < 3 \iff |x|^2 < 3^2 \iff x^2 < 9 \iff (x+3)(x-3) < 0 \iff -3 < x < 3$］

③　$\boxed{\boxed{|x| \geqq 3}}$ $\xrightarrow{\text{解は}}$ $x \leqq -3,\ 3 \leqq x$ 　　［☞ 原点からの距離が 3 以上］

　　［☞ $|x| \geqq 3 \iff |x|^2 \geqq 3^2 \iff x^2 \geqq 3^2 \iff (x+3)(x-3) \geqq 0 \iff x \leqq -3,\ 3 \leqq x$］

【16】　次の方程式を解け。
　　(1)　$|x+2| = 3$ 　　　　　　　(2)　$|7-2x| = 5$

解答

(1)　与式より
　　　　$x + 2 = \pm 3$
　　　　$x = -2 \pm 3$
　　　$\therefore\ x = 1,\ -5$

(2)　与式より　$|2x-7| = 5$ 　［☞ $|-a| = |a|$］
　　　　$2x - 7 = \pm 5$
　　　　$2x = 7 \pm 5 = 12,\ 2$
　　　$\therefore\ x = 6,\ 1$

$\left[\begin{array}{l} ☞\ (2)\text{において，与式よりそのまま } 7-2x = \pm 5 \\ \text{として } x \text{ を求めてもよい} \end{array}\right]$

【17】 次の不等式を解け。
(1) $|2x+5|<3$　　(2) $|3x-2|\geq 1$

解答
(1) 与式より　$-3<2x+5<3$
　これより　$-8<2x<-2$
　　∴　$-4<x<-1$

(2) 与式より　$3x-2\leq -1,\ 1\leq 3x-2$
　これより　$3x\leq 1,\ 3\leq 3x$
　　∴　$x\leq \dfrac{1}{3},\ 1\leq x$

【18】 次の方程式・不等式を解け。
(1) $|x-4|=3x$　　(2) $|3x-6|\leq x+2$

(1)の 解答　[☞ $a\geq 0$ のとき $|a|=a$, $a<0$ のとき $|a|=-a$ により絶対値をはずす]
　[I]　$x-4\geq 0$　すなわち　$x\geq 4$　のとき
　　与式より　$x-4=3x$　∴　$x=-2$　　[☞ $a\geq 0$ のとき $|a|=a$]
　　これは　$x\geq 4$　を満たさないので不適である。　　[☞ 条件を満たすかの確認]
　[II]　$x-4<0$　すなわち　$x<4$　のとき
　　与式より　$-(x-4)=3x$　∴　$x=1$　　[☞ $a<0$ のとき $|a|=-a$]
　　これは　$x<4$　を満たす。　　[☞ 条件を満たすかの確認]
　したがって，[I]，[II] より求める解は　　$x=1$

(1)の 別解　[☞ $|a|\geq 0$]
　与式において　$|x-4|\geq 0$　だから　$3x\geq 0$　すなわち　$x\geq 0$ ……①
　このとき　$x-4=\pm 3x$
　　[I]　$x-4=3x$　のときは　$x=-2$　　これは　①を満たさないから不適。
　　[II]　$x-4=-3x$　のときは　$x=1$　　これは　①を満たす。
　したがって，[I]，[II] より求める解は　　$x=1$

(2)の 解答　[☞ $a\geq 0$ のとき $|a|=a$, $a<0$ のとき $|a|=-a$ により絶対値をはずす]
　[I]　$3x-6\geq 0$　すなわち　$x\geq 2$　のとき
　　与式より　$3x-6\leq x+2$　　∴　$x\leq 4$
　　よってこの場合の解は　$2\leq x\leq 4$
　[II]　$3x-6<0$　すなわち　$x<2$　のとき
　　与式より　$-(3x-6)\leq x+2$　　∴　$x\geq 1$
　　よってこの場合の解は　$1\leq x<2$
　したがって，[I]，[II] より，求める解は　$1\leq x\leq 4$

　(☞) [I]，[II]を図示すると次のようになる

　　　こうして解の範囲はつながって　$1\leq x\leq 4$　となる

(2)の 別解　→ 次ページ

(2) の 別解 　[☞ $|a| \geqq 0$]

　　与式において 　$|3x-6| \geqq 0$ 　だから

　　　　$x+2 \geqq 0$ 　すなわち 　$x \geqq -2$ ……① 　　　[☞ 前提となる条件]

　このとき 　$-(x+2) \leqq 3x-6 \leqq x+2$

　　　すなわち $\begin{cases} -(x+2) \leqq 3x-6 \ \cdots\cdots ② \\ 3x-6 \leqq x+2 \ \cdots\cdots ③ \end{cases}$

　② より 　$-x-2 \leqq 3x-6$ 　　$\therefore x \geqq 1$ ……②′

　③ より 　$2x \leqq 8$ 　　$\therefore x \leqq 4$ ……③′

　このとき 　②′, ③′ の共通範囲は 　　$1 \leqq x \leqq 4$

　これは 　① を満たす。

　よって，求める解は 　　$1 \leqq x \leqq 4$

―――――――――――――――――――――――――――――――――

(☞) 　次の関係を使い，2次方程式・2次不等式に持ち込む方法もある

　　　　　　　(☞) $\begin{bmatrix} \text{勿論，2次方程式・2次不等式の解法の知識が必要であるが，} \\ \text{これについては　数 I の ③ で学習する} \end{bmatrix}$

その関係とは 　　$\boldsymbol{a \geqq 0, \ b \geqq 0}$ 　のとき 　$\begin{cases} ① \ \ \boldsymbol{a = b \iff a^2 = b^2} \\ ② \ \ \boldsymbol{a < b \iff a^2 < b^2} \end{cases}$

問【18】 別解2

(1) 　与式において 　$|x-4| \geqq 0$ 　だから 　$3x \geqq 0$

　　　　　　$\therefore x \geqq 0$ ……①

　このとき，与式の両辺を2乗すると

　　　　　　$|x-4|^2 = (3x)^2$

　これより 　　$x^2 - 8x + 16 = 9x^2$

　　　　　　$x^2 + x - 2 = 0$ 　　　[☞ 2次方程式の解法]

　　　　　　$(x+2)(x-1) = 0$

　　　　　　$\therefore x = -2, \ 1$

　ここで 　① だから，求める解は 　$x = 1$

―――――――――――――――――――――――――――――――――

(2) 　与式において 　$|3x-6| \geqq 0$ 　だから 　$x+2 \geqq 0$

　　　　　　$\therefore x \geqq -2$ ……①

　このとき，与式の両辺を2乗すると

　　　　　　$|3x-6|^2 \leqq (x+2)^2$

　これより 　　$x^2 - 5x + 4 \leqq 0$ 　　　[☞ 2次不等式の解法]

　　　　　　$(x-1)(x-4) \leqq 0$

　　　　　　$\therefore 1 \leqq x \leqq 4$

　これは 　① を満たす。

　よって求める解は 　　$1 \leqq x \leqq 4$

【19】 不等式 $|2x-1| > x+4$ を解け。

解答

次の2つの場合に分けて考える。 [☞ 絶対値をはずすことを考える]

[Ⅰ] $2x-1 \geqq 0$ すなわち $x \geqq \dfrac{1}{2}$ ……① のとき

与式より $2x-1 > x+4$

$\therefore x > 5$

これは ① を満たす。

[Ⅱ] $2x-1 < 0$ すなわち $x < \dfrac{1}{2}$ ……② のとき

与式より $-(2x-1) > x+4$

$-2x+1 > x+4$

$\therefore x < -1$

これは ② を満たす。

したがって，[Ⅰ]，[Ⅱ] より 求める解は $x < -1,\ 5 < x$

___

別解1 [☞ $|A| > p \Longleftrightarrow A < -p,\ p < A$ を使う]

[Ⅰ] $x+4 < 0$ すなわち $x < -4$ のとき，与式は成り立つ。

よって，この場合の解は $x < -4$

[Ⅱ] $x+4 \geqq 0$ すなわち $x \geqq -4$ のとき

与式より $2x-1 < -(x+4)$ または $x+4 < 2x-1$

これより $x < -1,\ 5 < x$

よって，この場合の解は $-4 \leqq x < -1,\ 5 < x$

したがって，[Ⅰ]，[Ⅱ] より求める解は $x < -1,\ 5 < x$

___

別解2 [☞ $p \geqq 0$ のとき $|A| > p \Longleftrightarrow |A|^2 > p^2 \Longleftrightarrow A^2 > p^2$ を使う]

[Ⅰ] $x+4 < 0$ すなわち $x < -4$ のとき，与式は成り立つ。

よって，この場合の解は $x < -4$

[Ⅱ] $x+4 \geqq 0$ すなわち $x \geqq -4$ のとき

与式の両辺を2乗すると

$$|2x-1|^2 > (x+4)^2$$

これより $4x^2 - 4x + 1 > x^2 + 8x + 16$

$x^2 - 4x - 5 > 0$ [☞ 2次不等式の解法]

$(x+1)(x-5) > 0$

$\therefore x < -1,\ 5 < x$

よって，この場合の解は $-4 \leqq x < -1,\ 5 < x$

したがって，[Ⅰ]，[Ⅱ] より求める解は $x < -1,\ 5 < x$

[☞ このように色々な方法をやってみて，絶対値に慣れておこう]

数Ⅰ

② 集合・命題

(1)　2つの条件 p, q に対して $\left\{\begin{array}{ll}① & p \text{ かつ } q \\ ② & p \text{ かつ } \overline{q} \\ ③ & \overline{p} \text{ かつ } q \\ ④ & \overline{p} \text{ かつ } \overline{q}\end{array}\right\}$ の4つの場合がある。

これを $\left\{\begin{array}{l}P = \{x \mid p\} \\ Q = \{x \mid q\}\end{array}\right.$ として図示すると

---

(2)　「または」の意味

　普通の会話で,「a または b」と言うときは $\left\{\begin{array}{c} a \text{ か } b \\ a, b \text{ のどちらか}\end{array}\right\}$ という意味の場合が多くありますが,

　数学で「p または q」と言うときは「p か q か どちらもか」という意味です。正確にいうと

「p または q」$\left\{\begin{array}{ll}① & p \text{ かつ } q \\ ② & p \text{ かつ } \overline{q} \\ ③ & \overline{p} \text{ かつ } q\end{array}\right\}$ 　図示すると

---

(3)　「かつ」,「または」の否定

　1　①「p かつ q」 $\xleftrightarrow{\text{否定}}$ $\left\{\begin{array}{ll}② & p \text{ かつ } \overline{q} \\ ③ & \overline{p} \text{ かつ } q \\ ④ & \overline{p} \text{ かつ } \overline{q}\end{array}\right\}$ $i.e.$「$\overline{p}$ または $\overline{q}$」

　2　「p または q」$\left\{\begin{array}{ll}① & p \text{ かつ } q \\ ② & p \text{ かつ } \overline{q} \\ ③ & \overline{p} \text{ かつ } q\end{array}\right\}$ $\xleftrightarrow{\text{否定}}$ ④「$\overline{p}$ かつ $\overline{q}$」

1

目 次

1 集 合   **3**
    1.1 集合の表し方 3
    1.2 ２つの集合の関係 3
    1.3 補集合 3
    1.4 ド・モルガンの法則 4

2 命題と条件   **4**

3 必要条件と十分条件   **5**
    3.1 命題の例 6

4 逆・裏・対偶   **8**
    4.1 逆・裏・対偶の例 8

5 背理法   **10**
    5.1 有理数と無理数 11

【メルセンヌ素数について】

1 集合

1.1 集合の表し方

(1) $A = \{1,\ 3,\ 5,\ 7,\ 9,\ 11,\ 13,\ 15\}$　←　要素を書き並べる［☞ 中括弧 { } で囲む］

(2) $A = \{x \mid x = 2n+1,\ n\text{ は整数で } 0 \leqq n \leqq 7\}$　←　要素の満たす条件を示す

これは，$A = \{2n+1 \mid n\text{ は整数で } 0 \leqq n \leqq 7\}$ とも書ける

　（例）　-1 以上かつ 3 より小さい実数の集合 B は　$B = \{x \mid -1 \leqq x < 3\}$ と書ける

［集合(set)］，［要素(element)］

1.2 2つの集合の関係

(1) A のどの要素も B の要素になっている

すなわち 『$x \in A \implies x \in B$』 のとき，

A は B に **含まれる** (include)，または，A は B の 部分集合 (subset)

といい　$A \subset B$　とかく

［☞ $A \subset B$ の証明には『$x \in A \implies x \in B$』を示せばよい］

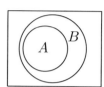

(2) 2つの集合 A, B の 共通部分 (intersection of sets) は

$A \cap B = \{x \mid x \in A\ \textbf{かつ}\ x \in B\}$

［☞ 読み方は「A **かつ** B」か，「A キャップ(cap) B」］

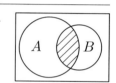

(3) 2つの集合 A, B の 和集合 (union of sets) は

$A \cup B = \{x \mid x \in A\ \textbf{または}\ x \in B\}$

［☞ 読み方は「A **または** B」か，「A カップ(cup) B」］

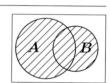

（例）　$A = \{x \mid -2 < x \leqq 3\}$, $B = \{x \mid 1 \leqq x < 5\}$ を図示すると

これより　$A \cap B = \{x \mid 1 \leqq x \leqq 3\}$,　$A \cup B = \{x \mid -2 < x < 5\}$

1.3 補集合

(1) **全体集合**(universal set) U の部分集合 A に対して，A に **属さない** 要素の集合を

A の 補集合 (complementary set) といい　$\overline{A}$　とかく

すなわち　$\overline{A} = \{x \mid x \in U\ \text{かつ}\ x \notin A\}$　　　［☞ 読み方は A のバー または バー A］

　（例）　$A = \{x \mid 1 \leqq x < 3\}$ に対して　$\overline{A} = \{x \mid x < 1,\ 3 \leqq x\}$

(2) ① $\boxed{A \cap \overline{A} = \varnothing}$　←　空集合 (empty set)　　② $\boxed{U = A \cup \overline{A}}$

1.4 ド・モルガンの法則

(1) $\overline{A \cap B}$ について

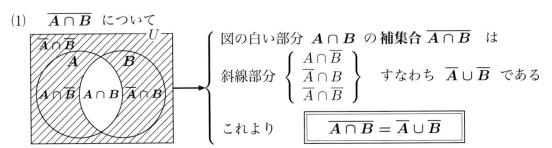

図の白い部分 $A \cap B$ の補集合 $\overline{A \cap B}$ は

斜線部分 $\begin{Bmatrix} A \cap \overline{B} \\ \overline{A} \cap B \\ \overline{A} \cap \overline{B} \end{Bmatrix}$ すなわち $\overline{A} \cup \overline{B}$ である

これより $\boxed{\overline{A \cap B} = \overline{A} \cup \overline{B}}$

(2) $\overline{A \cup B}$ について

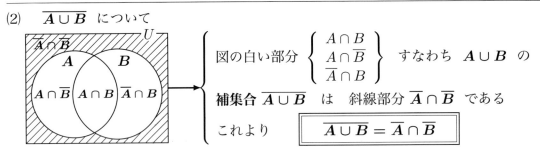

図の白い部分 $\begin{Bmatrix} A \cap B \\ A \cap \overline{B} \\ \overline{A} \cap B \end{Bmatrix}$ すなわち $A \cup B$ の

補集合 $\overline{A \cup B}$ は 斜線部分 $\overline{A} \cap \overline{B}$ である

これより $\boxed{\overline{A \cup B} = \overline{A} \cap \overline{B}}$

[ド・モルガン (Augustus de Morgan 1806〜1871) は、インド生まれのイギリスの数学者]

2 命題と条件

(1) 命題 (proposition) ⟶ ある事柄を式または文章で述べたもので，真偽が判断できる

(2) 条件 (condition) ⟶ $x^2 < 1$ のように，x の値によって真偽が決まる文や式

「$x^2 < 1$」を条件 p とするとき，「$p : x^2 < 1$」と表し，
この条件 p を満たすもの全体の集合を $P = \{x \mid p\} = \{x \mid x^2 < 1\}$ と表す

(3) 命題 $p \Longrightarrow q$ が偽 である例を 反例 (counterexample) という

(例) $\begin{cases} \text{命題「} a^2 \geq b^2 \Longrightarrow a \geq b \text{」は偽の命題である} \\ \text{(反例)} \quad a = -2, \ b = 1 \text{ のとき } a^2 \geq b^2 \text{ だが } a \geq b \text{ ではない} \end{cases}$

(4) 条件 p, q に対して，$P = \{x \mid p\}, Q = \{x \mid q\}$ とすると

$\boxed{\text{「命題 } p \Longrightarrow q \text{ が真」} \Longleftrightarrow P \subset Q}$ (☞)「$\Longleftrightarrow$」の意味は次節

(5) 「p でない」という条件を，条件 p の 否定 (negation) といい $\overline{p}$ とかく

また $\overline{P} = \{x \mid \overline{p}\}$ である

(例) ① 「$x = 3$」の否定は「$x \neq 3$」 ② 「$a < 2$」の否定は「$a \geq 2$」

(6) 2つの条件 p, q に対して，それぞれ $P = \{x \mid p\}, \quad Q = \{x \mid q\}$ とすると

① 条件「p かつ q」を満たすもの全体の集合は $P \cap Q$ [かつ (and)]

② 条件「p または q」を満たすもの全体の集合は $P \cup Q$ [または (or)]

(7) → 次ページ

(7)　$P = \{x \mid p\}$, $Q = \{x \mid q\}$ とすると，ド・モルガンの法則より

① $\overline{P \cup Q} = \overline{P} \cap \overline{Q}$　⟶　$\boxed{\overline{p \text{ または } q} \iff \overline{p} \text{ かつ } \overline{q}}$

② $\overline{P \cap Q} = \overline{P} \cup \overline{Q}$　⟶　$\boxed{\overline{p \text{ かつ } q} \iff \overline{p} \text{ または } \overline{q}}$

[☞ 表紙参照]

【1】　次の条件の否定を述べよ。ただし，文字はすべて実数とする。
(1)　$a = 0$ かつ $b = 0$　　(2)　$a > 0$ または $b > 0$
(3)　$x < 2$ または $7 < x$　　(4)　$-5 \leqq x \leqq 4$

|解答|

(1)　$a \neq 0$ または $b \neq 0$　　(2)　$a \leqq 0$ かつ $b \leqq 0$　　(3)　$2 \leqq x \leqq 7$

(4)　[☞「$-5 \leqq x \leqq 4$」は「$-5 \leqq x$ かつ $x \leqq 4$」という意味]
　　$x < -5$ または $4 < x$　　[☞ 単に $x < -5,\ 4 < x$ ともかく]

(☞)《「または」，「かつ」についての追加説明》

① 「**または**」について
　① 2次不等式 $(x-2)(x-7) > 0$ の解を「$x < 2,\ 7 < x$」と書くが，これを厳密にかけば
　　(3) である。同様に，2次方程式 $(x-2)(x-7) = 0$ の解を $x = 2, 7$ とかく
　　このように，コンマ(,)で「または」を表すことがある
　② 「m が偶数 または n が偶数」を「m, n の**少なくとも一方は偶数**」ということもある
　　これは文字が，3個・4個……と多くなった場合には便利な表現方法である

② 「**かつ**」について
　① 問【1】の (4) $-5 \leqq x \leqq 4$ は厳密にかけば，「$-5 \leqq x$ かつ $x \leqq 4$」であるが，
　　普通は前者でかく。否定を考えるときに意味を分かっておくことが大切
　② 命題「$\underline{a > 0,\ b > 0} \implies ab > 0$」の下線部分を厳密に言うと「$a > 0$ かつ $b > 0$」であるが，
　　前後の意味から明らかな場合は「かつ」をコンマで表すこともある
　　また，「$a > 0$ かつ $b > 0$」を「a, b ともに正である」ともいう

3　必要条件と十分条件

(1)　命題 $p \implies q$ が真 であるとき　——**2の(4)より**——→

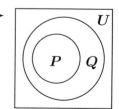

① 「q は p であるための $\boxed{\text{必要条件}}$ である」という
　　　　　　　　　　　(necessary condition)

② 「p は q であるための $\boxed{\text{十分条件}}$ である」という
　　　　　　　　　　　(sufficient condition)

[☞「十分」⟹「必要」は『**矢の先(矢尻)は必要**』(なくては飛ばない) と覚えるとよい]

(☞)《必要条件・十分条件という言葉の意味について》
　① $P \subset Q$ だから，q でなければ p であることはない
　　よって，p であるためには 少なくとも q であることが**必要**である
　　これより，q は p であるための必要条件である
　② また，$P \subset Q$ だから，p であれば，**十分** q を満たしている
　　これより，p は q であるための十分条件である

(2)　→ 次ページ

(2)   命題 $p \Longrightarrow q$ が真 $\Big\}$ であるとき $p \Longleftrightarrow q$ とかき
　　　命題 $q \Longrightarrow p$ も真

　　p は q であるための，q は p であるための $\boxed{\text{必要十分条件}}$ であるという
　　　　　　　　　　　　　　　　　　　　　　(necessary and sufficient condition)

　　また，p と q は $\boxed{\text{同値}}$ (equivalence) であるともいう

　　　(☞) $\Big\{$ ①　同値とは，同じ意味のことを形式を変えて表現したもの
　　　　　　② 数学ではいつも，同値であるかどうかを確認することが重要!!

3.1　命題の例

　　文字はすべて実数とする。次の $\boxed{}$ に適当な語を入れよ。　　[☞ 答は後に]

(1)　[☞ ①，② は真偽を答え，偽の場合は反例を挙げよ。また，③，④ は必要か十分を記入せよ]

　　①　「$a > 0$ かつ $b > 0 \Longrightarrow a + b > 0$」は $\boxed{①}$ である。

　　②　「$a + b > 0 \Longrightarrow a > 0$ かつ $b > 0$」は $\boxed{②}$ である。

　　③　「$a > 0$ かつ $b > 0$」は「$a + b > 0$」であるための　$\boxed{③}$　条件である。

　　④　「$a + b > 0$」は「$a > 0$ かつ $b > 0$」であるための　$\boxed{④}$　条件である。

---

(2)　　[☞ ①，② は真偽を答え，偽の場合は反例を挙げよ。また，③，④ は必要か十分を記入せよ]

　　①　「$ab > 0 \Longrightarrow a > 0$ かつ $b > 0$」は $\boxed{①}$ である。

　　②　「$a > 0$ かつ $b > 0 \Longrightarrow ab > 0$」は $\boxed{②}$ である。

　　③　「$ab > 0$」は「$a > 0$ かつ $b > 0$」であるための　$\boxed{③}$　条件である。

　　④　「$a > 0$ かつ $b > 0$」は「$ab > 0$」であるための　$\boxed{④}$　条件である。

　　(答) (1) ①　真　　② 偽（反例）$a = 2,\ b = -1$　　③　十分　　④　必要
　　　　(2) ① 偽（反例）$a = b = -1$　　② 真　　③　必要　　④　十分
　　　　　[☞ 反例は無限にあるので，解答と数値が違っても解答のような意味があれば問題ない]

---

(3)　　$a,\ b$ が同符号 $\Longleftrightarrow ab > 0$

　　①　「$a,\ b$ が同符号」は「$ab > 0$」であるための　$\boxed{①}$　条件である。

　　②　「$ab > 0$」と「$a,\ b$ が同符号」は $\boxed{②}$ である。

(4)　　$a > 0,\ b > 0 \Longleftrightarrow a + b > 0,\ ab > 0$

　　(証明) （$\Longrightarrow$）は明らかに真である。

　　　　　（$\Longleftarrow$）　$ab > 0$ より　$a,\ b$ は同符号である。
　　　　　　　　このとき　$a + b > 0$ だから　$a > 0,\ b > 0$ である。　（証明終）

　　①　「$a > 0,\ b > 0$」」は「$a + b > 0,\ ab > 0$」であるための　$\boxed{①}$　条件である。

　　②　「$a + b > 0,\ ab > 0$」と「$a > 0,\ b > 0$」は $\boxed{②}$ である。

　　(答) (3) ①　必要十分　　②　同値　　(4) ①　必要十分　　②　同値

6

(5)　n が整数のとき　　n^2 が偶数 $\iff$ n が偶数

（証明）　整数 n は，次の 2 つの形に表される。ただし　k は整数である。

　　　　［Ｉ］　$n = 2k$（偶数）のとき　　$n^2 = (2k)^2 = 2(2k^2)$

　　　　［Ⅱ］　$n = 2k + 1$（奇数）のとき　　$n^2 =$ ┃＿＿＿＿＿＿①＿＿＿＿＿＿┃

　　　　これより n が偶数ならば n^2 は偶数であり，かつ n^2 が偶数になるのは n が
　　　　偶数のときのみである。　　　　（証明終）

　　　　　　　　［☞ 次節の対偶をとっての証明方法もある］

　□1　「n^2 が偶数」は「n が偶数」であるための ┃＿＿②＿＿┃ 条件である。

　□2　「n が偶数」と「n^2 が偶数」は ┃＿③＿┃ である。

(6)　［☞ ①，② は真偽を答え，偽の場合は反例を挙げよ］

　①　「$x > y \implies x^2 > y^2$」は ┃①┃ である。

　②　「$x^2 > y^2 \implies x > y$」は ┃②┃ である。

　すなわち，「$x > y$」は「$x^2 > y^2$」であるための必要条件でも十分条件でもない。

（答）(5)　①　$(2k+1)^2 = 2(2k^2 + 2k) + 1$　　　②　必要十分　　③　同値

　　　(6)　①　偽（反例）$x = 1,\ y = -2$　　②　偽（反例）$x = -2,\ y = 1$

(7)　その他の例

　　　$\sqrt{x^2} = 3 \iff |x| = 3 \iff x^2 = 3^2 \iff x = \pm 3$　　　［☞ $x = 3$ または $x = -3$］

　　　［☞ $x^2 = 3^2 \iff x = \pm 3$ については，2 次方程式の項で学ぶ］

【２】　n が整数のとき，次のことを証明せよ。
　　　　　n^2 が 3 の倍数 $\iff$ n が 3 の倍数

証明

　　　整数 n は，次の 3 つのうちのいずれかの形で表される。

$$\begin{cases} ［Ｉ］ & n = 3k \\ ［Ⅱ］ & n = 3k + 1 \qquad （k \text{ は整数}） \\ ［Ⅲ］ & n = 3k + 2 \end{cases}$$

　　［Ｉ］のとき　$n^2 = (3k)^2 = 9k^2 = 3(3k^2)$

　　［Ⅱ］のとき　$n^2 = (3k+1)^2 = 9k^2 + 6k + 1 = 3(3k^2 + 2k) + 1$

　　［Ⅲ］のとき　$n^2 = (3k+2)^2 = 9k^2 + 12k + 4 = 3(3k^2 + 4k + 1) + 1$

よって　n が 3 の倍数のとき n^2 は 3 の倍数になる。

また，n^2 が 3 の倍数になるのは n が 3 の倍数のときのみである。

したがって，命題は示された。

4 逆・裏・対偶

(1)
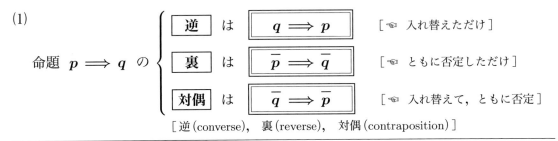

(2) 2つの条件 p, q に対して，$P = \{x \mid p\}$, $Q = \{x \mid q\}$ とすると，

「命題 $p \Longrightarrow q$ が真」のとき，$P \subset Q$ である

このとき，

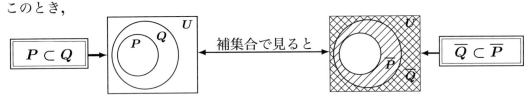

すなわち $\overline{Q} \subset \overline{P}$ だから 「命題 $\overline{q} \Longrightarrow \overline{p}$ は真」である

よって $\boxed{\text{命題 } p \Longrightarrow q \text{ とその対偶 } \overline{q} \Longrightarrow \overline{p} \text{ の真偽は一致する}}$

i.e. 対偶 $\overline{q} \Longrightarrow \overline{p}$ が真なら，もとの命題 $p \Longrightarrow q$ も真である

また，逆 $q \Longrightarrow p$ と 裏 $\overline{p} \Longrightarrow \overline{q}$ も対偶の関係［☞ 入れ替えて，ともに否定］だから，当然真偽が一致する

4.1 逆・裏・対偶の例

文字はすべて実数とする。次の□に適当な語または命題を入れよ。
また，命題が偽の場合は反例を挙げよ。　［☞ 答は (4) の後に］

(1) ① 命題「$a = b \Longrightarrow a^2 = b^2$」は ① である。　　［☞ $a^2 - b^2 = (a-b)(a+b)$］
　② 逆 は「$a^2 = b^2 \Longrightarrow a = b$」で，これは ② である。［☞ 逆は必ずしも真ならず］
　③ ③ は「$a \neq b \Longrightarrow x^2 \neq b^2$」で，これは偽である。　（反例）$a = 1$, $b = -1$
　④ 対偶は「$a^2 \neq b^2 \Longrightarrow a \neq b$」で，これは ④ である。
　　　　［(参考) $a^2 = b^2 \Longleftrightarrow (a-b)(a+b) = 0 \Longleftrightarrow a = \pm b \Longleftrightarrow |a| = |b|$］

(2) ① 命題「$x = 0$ かつ $y = 0 \Longrightarrow xy = 0$」は ① である。
　② 逆 は「$xy = 0 \Longrightarrow x = 0$ かつ $y = 0$」で，これは ② である。
　③ 裏 は ③ で，これは偽である。（反例）は ③′
　④ 対偶は「$xy \neq 0 \Longrightarrow x \neq 0$ または $y \neq 0$」で，これは ④ である。
　　　　［☞ ② 対偶の証明は，その対偶であるもとの命題を証明すればよい］

(3), (4) → 次ページ

(3) 　[☞ (3), (4)の □ には，真・偽・逆・裏・対偶のいずれか，または命題を記入せよ]

　① 命題「$ab > 0 \implies a > 0$ かつ $b > 0$」は ① である。

　② ② は「$a > 0$ かつ $b > 0 \implies ab > 0$」で，これは真である。

　③ 裏 は 　　　　　　　　③　　　　　　　　 で，これは真である。

　④ ④ は「$a \leqq 0$ または $b \leqq 0 \implies ab \leqq 0$」で，これは ④′ である。

　　[(参考) $ab > 0 \iff a, b$ は同符号]

(4) ① 命題「$x > 1 \implies x^2 > 1$」は ① である。　[☞ $x^2 > 1$ より $(x-1)(x+1) > 0$]

　② 逆 は 　　　　　②　　　　　 で，これは ②′ である。

　③ ③ は「$x \leqq 1 \implies x^2 \leqq 1$」で，これは ③′ である。

　④ ④ は 　　　　　④′　　　　　 で，これは真である。

　　[☞ $x^2 \leqq 1$ より $(x-1)(x+1) \leqq 0$] また，[☞ $x^2 > 1 \iff |x| > 1 \iff x < -1,\ 1 < x$]

　(答) (1) ① 真　② 偽（反例）$a = 1,\ b = -1$　③ 裏　④ 真

　　　 (2) ① 真　② 偽（反例）$x = 1,\ y = 0$　③ $x \neq 0$ または $y \neq 0 \implies xy \neq 0$

　　　　　 ③′ $x = 1,\ y = 0$　④ 真

　　　 (3) ① 偽（反例）$a = b = -1$　② 逆　③ $ab \leqq 0 \implies a \leqq 0$ または $b \leqq 0$

　　　　　 ④ 対偶　④′ 偽（反例）$a = b = -1$

　　　 (4) ① 真　② $x^2 > 1 \implies x > 1$　②′ 偽（反例）$x = -2$　③ 裏

　　　　　 ③′ 偽（反例）$x = -2$　④ 対偶　④′ $x^2 \leqq 1 \implies x \leqq 1$

　　　　　 [☞ $x^2 \leqq 1 \iff x^2 - 1 \leqq 0 \iff (x+1)(x-1) \leqq 0 \iff -1 \leqq x \leqq 1$]

> **【3】** $l,\ m,\ n$ は整数とする。次のことを証明せよ。
> 　(1) 　mn が偶数 $\implies m$ が偶数 または n が偶数
> 　(2) 　lmn が偶数 $\implies l,\ m,\ n$ の少なくとも 1 つが偶数

解答

(1) この命題の対偶は「$m,\ n$ がともに奇数 $\implies mn$ が奇数」である。

　これを証明する。

　　$m,\ n$ がともに奇数だから　$m = 2j + 1,\ n = 2k + 1$（$j,\ k$ は整数）と表せる。

　このとき　$\begin{aligned} mn &= (2j+1)(2k+1) \\ &= 4jk + 2j + 2k + 1 \\ &= 2(2jk + j + k) + 1 \end{aligned}$

　これより　mn は奇数であり，対偶が真であることが示された。

　よって，もとの命題も真である。

---

(2) 　$lmn = (lm)n$ が偶数だから，(1) より　lm が偶数 または n が偶数である。

　また，lm が偶数のとき　同じく (1) より　l が偶数 または m が偶数である。

　したがって　$l,\ m,\ n$ の少なくとも 1 つが偶数である。

【4】 $x>0$, $y>0$ のとき，次の命題を証明せよ．
$$x^2+y^2>2 \implies x>1 \text{ または } y>1$$

証明
　この命題の対偶をとると　「$x \leqq 1$ かつ $y \leqq 1 \implies x^2+y^2 \leqq 2$」
これを証明する．
　$x>0$ だから　$x \leqq 1$ の両辺に掛けると　$x^2 \leqq x$　∴ $x^2 \leqq x \leqq 1$
同様に　$y^2 \leqq 1$　だから　$x^2+y^2 \leqq 2$
よって，対偶が真であることが示されたので，もとの命題も真である．

(☞) この関係を，条件を満たす点の集合(領域)で表すと次のようになる

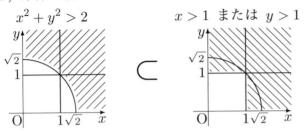

5 背理法

　ある命題 p に対して，p が成り立たないと仮定して，矛盾を導き，命題 p が成り立つことを示す証明方法を **背理法**(reduction to absurdity) という

例えば「$\sqrt{3}$ は無理数である」ことを証明するのに，次の方法を使う

| $\sqrt{3}$ は有理数だと仮定すると　⟶　矛盾が生じる(つじつまが合わない) |
| ⟶　だから $\sqrt{3}$ は有理数でない (i.e. 無理数である) |

(☞) 問【5】で具体的に証明する

矛盾(contradiction) ⟶ { どんな盾(たて)でも突き通す矛(ほこ)と
　　　　　　　　　　　　 どんな矛ででも突き通せない盾 }

【5】 $\sqrt{3}$ は無理数であることを証明せよ．

証明　[☞ 同様に $\sqrt{2}$ が無理数であることを証明しよう]
　$\sqrt{3}$ は無理数でない，すなわち有理数であると仮定すると，
互いに素な自然数 m, n を用いて　$\sqrt{3}=\dfrac{n}{m}$　……①　と表せる．

①の両辺を2乗すると　$3=\dfrac{n^2}{m^2}$　∴ $n^2=3m^2$　……②

これより，n^2 は3の倍数だから　n は3の倍数である．　[☞ 問【2】より]
よって　$n=3k$ (k は自然数) とおけるから，
②より　$(3k)^2=3m^2$　さらに $m^2=3k^2$ となり　m も3の倍数である．
これより　m, n は3の倍数となり　m, n が互いに素であることに矛盾する．
したがって　$\sqrt{3}$ は有理数でない．すなわち，無理数である．

【6】 素数は無限個あることを証明せよ。

[証明]

　　素数は有限個しかないと仮定して，それらを p_1，p_2，p_3，……，p_n とおく。
これに対して，次の数　$p = p_1 \cdot p_2 \cdot p_3 \cdot \cdots \cdot p_n + 1$ は，
素数 p_1，p_2，p_3，……，p_n のいずれでも割り切れないから素数である。
これは，仮定に矛盾する。したがって，素数は無限個ある。

〔☞ 次ページに，メルセンヌ素数についての話〕

5.1 有理数と無理数

【7】 **p，q が有理数** のとき，次のことを証明せよ。
$$p + q\sqrt{2} = 0 \iff p = q = 0$$

[証明]

　[Ⅰ] （$\implies$ の証明)

　　　$q \neq 0$ と仮定すると　$p + q\sqrt{2} = 0$ より　$\sqrt{2} = -\dfrac{p}{q}$

　　　この式の左辺 $\sqrt{2}$ は無理数で，右辺 $-\dfrac{p}{q}$ が有理数であることに矛盾するから

　　　　　　$q = 0$　　　　　〔☜ 背理法による〕

　　　このとき，与式より　$p = 0$　すなわち　$p = q = 0$ となる。
　　　よって　　命題「$p + q\sqrt{2} = 0 \implies p = q = 0$」は真である。

　[Ⅱ] （$\impliedby$ の証明)

　　　$p = q = 0$　なら　$0 + 0\sqrt{2} = 0$ となり明らかである。

　したがって，[Ⅰ]，[Ⅱ] より命題は証明された。

　(☞)　　$p + q\sqrt{2} = 0$ において　$\sqrt{2}$ は他の無理数 $\sqrt{3}$，$\sqrt{5}$ 等でも構わない

【8】 $(2 + 7\sqrt{2})p - (5 - 3\sqrt{2})q + 7 + 4\sqrt{2} = 0$ を満たす有理数 p，q の値を求めよ。

[解答]

　　与式より　　$2p + 7\sqrt{2}p - 5q + 3\sqrt{2}q + 7 + 4\sqrt{2} = 0$
　整理すると　　$(2p - 5q + 7) + (7p + 3q + 4)\sqrt{2} = 0$
　ここで　p，q は有理数だから　$2p - 5q + 7$，$7p + 3q + 4$ も有理数である。

　よって　　　$\begin{cases} 2p - 5q + 7 = 0 \cdots\cdots ① \\ 7p + 3q + 4 = 0 \cdots\cdots ② \end{cases}$

　①$\times 3 + ②\times 5$ より　　$41p + 41 = 0$　　$\therefore\ p = -1$
　これを ① に代入すると　　$-2 - 5q + 7 = 0$　　$\therefore\ q = 1$
　したがって　$p = -1$，$q = 1$

【メルセンヌ素数について】

数学的帰納法で証明された「無限に存在する素数」の中のメルセンヌ素数の話です。

(1) 証明はされたが，十分納得いかないのが「素数は無限に存在する」という命題。
しかし，それに近づく努力は今もなされています。無限にあるのだから，その全貌を示すのは不可能ですが，より大きなと言うより，より巨大な素数の発見です。
現在までに発見されている最大素数の桁数は，$23,249,425$（2324万9425）桁です。
これを1数字5mm幅で書くと，約116kmになります。福岡市から熊本市まで車で移動したときの距離にあたります。手書きすれば何日かかるのだろうか。とてつもなく大きな素数です。ここまでくると確かに無限にありそうだなという気持ちになりますね。

[☞ 大きい数の読み方は　千コンマ，百万コンマ，十億コンマ，一兆コンマ，千兆コンマ，百京コンマ，……]

(2) その発見に使われているのが，メルセンヌ数 $M_n = 2^n - 1$（n は自然数）です。
その中で素数であるメルセンヌ数をメルセンヌ素数 (Mersenne prime) といいます。
メルセンヌとは，フランスの神学者で，数学・物理等にも造詣が深かったマラン・メルセンヌ [Marin Mersenne]（1588〜1648）に由来しています。

(3) 例えば，等比数列の和の公式（数B ③ 数列）より　$a^n - 1 = (a-1)(1 + a + a^2 + \cdots\cdots + a^{n-1})$
よって　$2^{35} - 1 = (2^7)^5 - 1 = (2^7 - 1)\{1 + 2^7 + (2^7)^2 + (2^7)^3 + (2^7)^4\}$
$$= 127 \times 270,549,121 = 34,359,738,367$$
i.e.「n が合成数 $\implies$ M_n は合成数」　　対偶は「M_n が素数 $\implies$ n は素数」

(4) 1644年 メルセンヌが素数だと予想したなかに，M_{67} があったのですが，実はミスで，これについては次のような逸話があるそうです。
1903年10月 アメリカ数学会で，フランク・ネルソン・コール先生が黒板で，
$193,707,721 \times 761,838,257,287$ を計算して，$M_{67} = 2^{67} - 1 = 147,573,952,589,676,412,927$ と一致することを示したそうです。
この間約1時間ひたすら計算し，席に戻った後，拍手がわき起こったそうです。
コンピュータなど無い時代ですから，計算は手計算です。2^{67} の計算は2を掛けていくだけですから，時間はそうかかりませんが，上記の9桁の約数を手計算で見つけるのは大変です。
2，3，7とかの約数なら簡単ですが。実際，毎週日曜日を使って3年かかったそうです。

(5) 現在，49個のメルセンヌ素数が発見されていますが，25番目の $M_{21,701}$（6,533桁）は，1978年10月30日，カリフォルニアの18歳の2人の高校生 (Noll君と Nickel嬢) が発見しました。当時，京大の一松信教授が2人に会い行き，苦心談を聞かれたという話が雑誌『現代数学』に載っていました。Noll君の父親の関係で当時の大型コンピュータを使えたそうです。
さらに，Noll君は1979年2月9日に，26番目の $M_{23,209}$（6,987桁）も発見しています。

(6) 現在までに発見されているメルセンヌ素数を小さい方から並べると，次の通りです。
発見順とは一致しません。例えば，㊼の後に㊺，㊻が発見されています。
① $M_2 = 3$　② $M_3 = 7$　③ $M_5 = 31$　④ $M_7 = 127$　⑤ $M_{13} = 8,191$　⑥ $M_{17} = 131,071$
⑦ $M_{19} = 524,287$　⑧ $M_{31} = 2,147,483,647$　⑨ $M_{61} = 2,305,843,009,213,693,951$
⑩ M_{89}（27桁）　⑪ M_{107}（33桁）　⑫ M_{127}（39桁）　⑬ M_{521}　⑭ M_{607}　⑮ $M_{1,279}$
⑯ $M_{2,203}$　⑰ $M_{2,281}$　⑱ $M_{3,217}$　⑲ $M_{4,253}$　⑳ $M_{4,423}$　㉑ $M_{9,689}$　㉒ $M_{9,941}$　㉓ $M_{11,213}$
㉔ $M_{19,937}$　㉕ $M_{21,701}$　㉖ $M_{23,209}$　㉗ $M_{44,497}$　㉘ $M_{86,243}$　㉙ $M_{110,503}$　㉚ $M_{132,049}$
㉛ $M_{216,091}$　㉜ $M_{756,839}$　㉝ $M_{859,433}$　㉞ $M_{1,257,787}$　㉟ $M_{1,398,269}$　㊱ $M_{2,976,221}$
㊲ $M_{3,021,377}$　㊳ $M_{6,972,593}$　㊴ $M_{13,466,917}$　㊵ $M_{20,996,011}$　㊶ $M_{24,036,583}$　㊷ $M_{25,964,951}$
㊸ $M_{30,402,457}$　㊹ $M_{32,582,657}$　㊺ $M_{37,156,667}$　㊻ $M_{42,643,801}$　㊼ $M_{43,112,609}$
㊽ $M_{57,885,161}$　㊾ $M_{74,207,281}$　㊿ $M_{77,232,917}$（23,249,425桁）（2017年12月26日）

数 I

③ 2次関数と 2次方程式 2次不等式

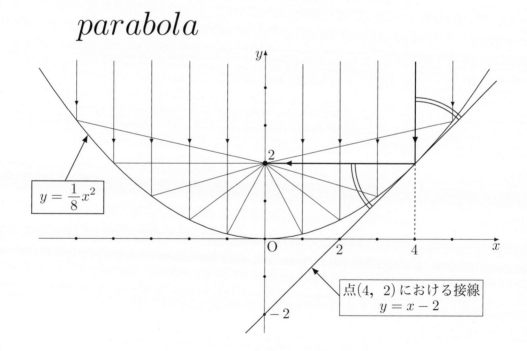

parabola

目 次

1　2次関数　　　　　　　　　　　　　　　　　　　　　　　　　　　　**3**
1.1　2次関数のグラフ . . . .　3
1.2　グラフの移動 . . . .　5
1.3　最大・最小 . . . .　6
　　1.3.1　定義域に制限がない場合 . . . .　6
　　1.3.2　定義域に制限がある場合 . . . .　6
1.4　2次関数の決定 . . . .　8

2　2次方程式　　　　　　　　　　　　　　　　　　　　　　　　　　　　**10**
2.1　2次方程式の解の公式 . . . .　10
2.2　2次方程式の解法の手順 . . . .　10
2.3　判別式 . . . .　12
2.4　2次方程式と2次関数のグラフの関係 . . . .　13
2.5　放物線と直線の関係 . . . .　15

3　2次不等式　　　　　　　　　　　　　　　　　　　　　　　　　　　　**16**
3.1　$D > 0$ のとき . . . .　16
3.2　$D = 0$ のとき . . . .　17
3.3　$D < 0$ のとき . . . .　17
3.4　連立不等式 . . . .　18

4　解の存在範囲　　　　　　　　　　　　　　　　　　　　　　　　　　　**19**

1 2次関数

1.1 2次関数のグラフ

(1) 2次関数 (quadratic function) $y = a(x-p)^2 + q \ (a \neq 0)$ のグラフは

$y = ax^2$ を $\begin{cases} x \text{ 軸方向に } p \\ y \text{ 軸方向に } q \end{cases}$ だけ**平行移動** (parallel translation) $\longrightarrow$ $\boxed{y - q = a(x-p)^2}$

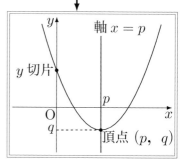

① $\begin{cases} a > 0 \text{ のとき　下に凸} & [☞ パラボラアンテナの断面] \\ a < 0 \text{ のとき　上に凸} & [☞ 物を投げたときの軌跡] \end{cases}$

② x^2 の係数 a はグラフの形を決定する
　　　　　　　　　[☞ 平行移動しても変わらない]

③ 放物線の (parabola) $\begin{cases} \textbf{軸} \text{ (axis) の方程式} \longrightarrow x = p \\ \textbf{頂点} \text{ (vertex) の座標} \longrightarrow (p,\ q) \end{cases}$

④ y **切片** (y-intercept) $\longrightarrow$ y 軸との交点

(2) **平方完成** の方法　　$[☞ (x \pm a)^2 = x^2 \pm 2ax + a^2 \longrightarrow x^2 \pm 2ax = (x \pm a)^2 - a^2]$

$$\boxed{x^2 \pm kx = \left(x \pm \frac{k}{2}\right)^2 - \left(\frac{k}{2}\right)^2}$$ (複号同順)

(☞) k の半分 $\left(\times \frac{1}{2}\right)$ をもってくる　　その2乗を引く

(3) $y = ax^2 + bx + c \ (a \neq 0)$ の平方完成　　[☞ 文字係数での変形にも慣れよう]

$$\begin{aligned}
y = ax^2 + bx + c &= a\left(x^2 + \frac{b}{a}x\right) + c && [☞ x^2 \text{ の係数 } a \text{ でくくる}] \\
&= a\left\{\left(x + \frac{b}{2a}\right)^2 - \frac{b^2}{4a^2}\right\} + c && [☞ x^2 + kx = (\ )^2 - \cdots \text{ の変形}] \\
&= a\left(x + \frac{b}{2a}\right)^2 - \frac{b^2 - 4ac}{4a} && [☞ \{\ \} \text{ を外して整理}]
\end{aligned}$$

頂点の座標 $\longrightarrow \left(-\dfrac{b}{2a},\ -\dfrac{b^2-4ac}{4a}\right)$　　軸の方程式 $\longrightarrow x = -\dfrac{b}{2a}$

(例) $\begin{aligned} y = -2x^2 + 6x - 1 &= -2(x^2 - 3x) - 1 \\ &= -2\left\{\left(x - \frac{3}{2}\right)^2 - \frac{9}{4}\right\} - 1 \\ &= -2\left(x - \frac{3}{2}\right)^2 + \frac{7}{2} \longrightarrow \text{頂点の座標 } \left(\frac{3}{2},\ \frac{7}{2}\right) \end{aligned}$

(☞) この**平方完成**の方法は，他の項目でもよく使う。例を挙げると，

① 不等式の証明で
$\begin{aligned} & 2x^2 - 4xy + 3y^2 \\ &= 2(x^2 - 2yx) + 3y^2 \\ &= 2(x-y)^2 + y^2 \geqq 0 \\ &\therefore \ 2x^2 - 4xy + 3y^2 \geqq 0 \end{aligned}$

② 円の方程式 $x^2 + y^2 - 4x + 6y + 5 = 0$ において
$\begin{aligned} & (x-2)^2 - 4 + (y+3)^2 - 9 + 5 = 0 \\ & \therefore \ (x-2)^2 + (y+3)^2 = 8 \end{aligned}$
よって，円の中心は点 $(2,\ -3)$，半径は $2\sqrt{2}$

【1】 次の2次関数のグラフをかけ。また，その軸の方程式と頂点の座標を求めよ。
(1) $y = 2x^2 + 4x - 1$ (2) $y = -x^2 + 4x - 2$

解答
(1) $y = 2x^2 + 4x - 1$
$= 2(x^2 + 2x) - 1$
$= 2\{(x+1)^2 - 1\} - 1$
$= 2(x+1)^2 - 3$

よって，グラフは右に図のようになる。
また，軸の方程式は $x = -1$
　　　頂点の座標は $(-1, -3)$

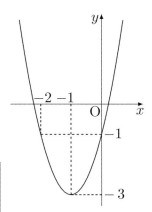

(☞)　【グラフの書き方】
① まず，頂点 $(-1, -3)$ の位置をとり，x軸，y軸と破線で結ぶ
② 次に，y切片 -1 を y 軸上にとる。さらに，y 切片の軸に関する対称点 $(-2, -1)$ をとると，グラフを対称的に書きやすい
③ 放物線らしくなめらかに，対称的に曲線を描く

(2) $y = -x^2 + 4x - 2$
$= -(x^2 - 4x) - 2$
$= -\{(x-2)^2 - 4\} - 2$
$= -(x-2)^2 + 2$

よって，グラフは右の図のようになる。
また，軸の方程式は $x = 2$
　　　頂点の座標は $(2, 2)$

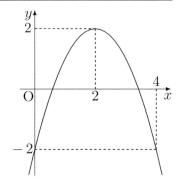

【2】 x についての2次関数 $y = -2x^2 - 8ax - 5a^2 - 5b + 7$ のグラフについて，次の問に答えよ。
(1) 頂点の座標を a, b を用いて表せ。
(2) 頂点の座標が $(4, -1)$ であるとき，a, b の値を求めよ。

解答
(1) $y = -2x^2 - 8ax - 5a^2 - 5b + 7$
$= -2(x^2 + 4ax) - 5a^2 - 5b + 7$
$= -2\{(x+2a)^2 - 4a^2\} - 5a^2 - 5b + 7$
$= -2(x+2a)^2 + 3a^2 - 5b + 7$

よって，頂点の座標は
$(-2a,\ 3a^2 - 5b + 7)$

(2) (1) より
$\begin{cases} -2a = 4 & \cdots\cdots ① \\ 3a^2 - 5b + 7 = -1 & \cdots\cdots ② \end{cases}$

① より $a = -2$
② より $12 - 5b + 7 = -1$
　　　　∴ $b = 4$

よって $a = -2,\ b = 4$

1.2 グラフの移動

(1) 一般に，**曲線 $y = f(x)$ を**　　［☞ 放物線だけでなく］

x 軸方向に p 　　 だけ**平行移動**した曲線の方程式は
y 軸方向に q

$$\boxed{\boxed{y - q = f(x - p)}}$$

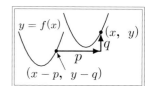

(☞) ① 移動後の曲線上の点 (x, y) ⟶ 点 $(x-p, y-q)$ はもとの曲線 $y = f(x)$ 上の点 ⟶ よって x, y の関係式は $y - q = f(x - p)$ （☞ 上図参照）

② 特に放物線の場合，次のことが言える
放物線 $y = ax^2 + bx + c$ を平行移動して，頂点が $(-2, 3)$ になった場合
その放物線の方程式は $y - 3 = a(x + 2)^2$ となる
すなわち，x^2 の係数 a によって放物線の形(曲り具合)が決まるということ

---

(2) 曲線 $y = f(x)$ を

① x 軸に関して対称移動した曲線 ⟶ $\boxed{\boxed{-y = f(x)}}$

② y 軸に関して対称移動した曲線 ⟶ $\boxed{\boxed{y = f(-x)}}$

③ 原点に関して対称移動した曲線 ⟶ $\boxed{\boxed{-y = f(-x)}}$

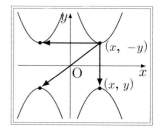

［① で，移動後の点 (x, y) ⟶ 点 $(x, -y)$ はもとの直線 $y = f(x)$ 上の点 ☞ ］

［☞ (1), (2) は放物線だけでなく，一般の関数 $y = f(x)$ のグラフについても成り立つ］

【3】 放物線 $y = 2x^2 - 8x + 5$ を x 軸方向に -2，y 軸方向に 3 だけ平行移動した放物線の方程式を求めよ。

解答

求める放物線上の点を (x, y) とすると，この点を x 軸方向に 2，y 軸方向に -3 だけ平行移動した点 $(x+2, y-3)$ は，放物線 $y = 2x^2 - 8x + 5$ 上の点だから

$$\begin{aligned} y - 3 &= 2(x+2)^2 - 8(x+2) + 5 \\ &= 2x^2 + 8x + 8 - 8x - 16 + 5 \\ &= 2x^2 - 3 \end{aligned}$$

よって，求める放物線の方程式は　$y = 2x^2$

［☞ ちなみに，もとの放物線は $y + 3 = 2(x - 2)^2$ ］

【4】 放物線 $y = 2(x-1)^2 + 3$ を，次の直線または点に関して対称移動した放物線の方程式を求めよ。答は平方完成のままでよい。

(1) x 軸　　　　(2) y 軸　　　　(3) 原点

解答

(1) $-y = 2(x-1)^2 + 3$
　∴ $y = -2(x-1)^2 - 3$

(2) $y = 2(-x-1)^2 + 3$
　∴ $y = 2(x+1)^2 + 3$

(3) $-y = 2(-x-1)^2 + 3$
　∴ $y = -2(x+1)^2 - 3$

1.3 最大・最小

1.3.1 定義域に制限がない場合

(1) **定義域**(domain) ⟶ 関数 $y = (x)$ において，変数 x のとる値の範囲
これに対して，y のとる値の範囲 ⟶ **値域**(range)

(2) 定義域が実数全体のとき，2次関数 $y = a(x-p)^2 + q$ について

① $a > 0$ のとき，グラフは下に凸
よって，最大値(maximum value)は**なし**
最小値は q （$x = p$ のとき）

② $a < 0$ のとき，グラフは上に凸
よって，最大値は q （$x = p$ のとき）
最小値(minimum value)は**なし**

【5】 次の2次関数の最大値・最小値，またそのときの x の値を求めよ。
(1) $y = \dfrac{1}{2}x^2 - 2x + 1$ (2) $y = -3x^2 - 4x - 1$

[解答]

(1) $y = \dfrac{1}{2}x^2 - 2x + 1$
$= \dfrac{1}{2}(x^2 - 4x) + 1$
$= \dfrac{1}{2}(x-2)^2 - 1$

グラフは下に凸だから
最大値はなし
最小値は -1 （$x = 2$ のとき）

(2) $y = -3x^2 - 4x - 1$
$= -3\left(x + \dfrac{4}{3}x\right) - 1$
$= -3\left(x + \dfrac{2}{3}\right)^2 + \dfrac{1}{3}$

グラフは上に凸だから
最大値は $\dfrac{1}{3}$ （$x = -\dfrac{2}{3}$ のとき）
最小値はなし

1.3.2 定義域に制限がある場合

> (☞) このときは，次のことに注意してグラフを書き，最大値・最小値を求める
> ① 頂点を取る
> ② 両サイドの点を取る。含むときは黒丸(●)，含まないときは白丸(○)
> ③ 定義域の部分だけ実線で書き，他の部分は点線で書く
> ④ そのグラフをもとに最大・最小を判断する。特に，頂点の位置に注意
> ⑤ 頂点の位置が定義域から外れる場合があるので要注意

【6】 次の関数の最大値と最小値とそのときの x の値を求めよ。
(1) $y = x^2 + 2x$ （$-2 < x < 1$）   (2) $y = -2x^2 + 8x - 4$ （$0 \leqq x \leqq 4$）

[解答] ［☞ (2) 次ページ］

(1) $y = x^2 + 2x$
$= (x+1)^2 - 1$

$-2 < x < 1$ の範囲でグラフをかくと，右の図のようになる。

よって，最大値はなし   ［☞ 3は値域に含まれない］
最小値は -1 （$x = -1$ のとき）

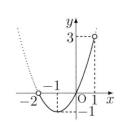

問【6】(2) の 解答

(2) $y = -2x^2 + 8x - 4$
$= -2(x^2 - 4x) - 4$
$= -2\{(x-2)^2 - 4\} - 4$
$= -2(x-2)^2 + 4$

$0 \leqq x \leqq 4$ の範囲でグラフをかくと，右の図のようになる。

よって， 最大値は 4 ($x = 2$ のとき)
　　　　最小値は -4 ($x = 0, 4$ のとき)

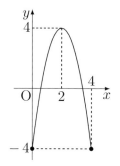

(☞) ① 数Ⅱで微分を学習した後は，関数を微分して増減表をかき最大値・最小値を求めてもよい
② 問【6】(1) で関数が $f(x) = x^2 + 2x$ と表示してある場合，
「最小値は $f(-1) = -1$」と書いてもよい
③ 問【6】(2) の場合，最小値をとる x の値は 2 つあるので，必ず 2 つの値を書いておくこと

【7】 正の定数 a に対して， 関数 $f(x) = x^2 - 2x$ ($0 \leqq x \leqq a$) の最大値・最小値を求めよ。また，そのときの x の値も求めよ。

解答

$f(x) = x^2 - 2x = (x-1)^2 - 1$ だから，グラフは右の図のようになり， a の値により，次のように場合分けする。

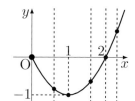

[Ⅰ] $0 < a < 1$ のとき
$\begin{cases} 最大値は & f(0) = 0 \\ 最小値は & f(a) = a^2 - 2a \end{cases}$

[Ⅱ] $1 \leqq a < 2$ のとき
$\begin{cases} 最大値は & f(0) = 0 \\ 最小値は & f(1) = -1 \end{cases}$

[Ⅲ] $a = 2$ のとき
$\begin{cases} 最大値は & f(0) = f(2) = 0 \\ 最小値は & f(1) = -1 \end{cases}$

[Ⅳ] $a > 2$ のとき
$\begin{cases} 最大値は & f(a) = a^2 - 2a \\ 最小値は & f(1) = -1 \end{cases}$

【8】 右図のように，1 辺の長さが a の正方形 ABCD がある。このとき，各辺 AB, BC, CD, DA 上にそれぞれ動点 P, Q, R, S をとり，四角形 PQRS が正方形をなすように辺上を動くものとする。

このとき，正方形 PQRS の面積の最小値とそのときの点 P の位置を求めよ。

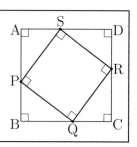

解答 → 次ページ

問【8】の 解答

AP $= x$ とおくと，$0 \leqq x \leqq a$ であり，AS $= a - x$ だから
△APS の面積は $\frac{1}{2}x(a-x)$ である。
また，△BQP, △CRQ, △DSR についても同様だから
正方形 PQRS の面積を y とすると

$$\begin{aligned}y &= a^2 - 4 \cdot \frac{1}{2}x(a-x) \\ &= 2x^2 - 2ax + a^2 \\ &= 2(x^2 - ax) + a^2 \\ &= 2\left(x - \frac{a}{2}\right)^2 + \frac{a^2}{2}\end{aligned}$$

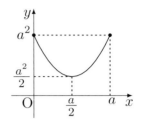

これより，グラフをかくと右の図のようになる。
よって，$x = \frac{a}{2}$ のとき，y の最小値は $\frac{a^2}{2}$ である。

すなわち，点 P が辺 AB の中点のとき，正方形 PQRS の面積は最小の $\frac{a^2}{2}$ になる。

[*i.e.* もとの正方形の面積の $\frac{1}{2}$ である]

1.4　2次関数の決定

【 様々な条件を満たす2次関数の求め方 】

① 通る3点が分かっている ⟶ $\begin{cases} y = ax^2 + bx + c \text{ とおき，点を代入して} \\ a, b, c \text{ の連立方程式から } a, b, c \text{ を求める} \end{cases}$

② 頂点の座標，軸の方程式，最大値・最小値 等が分かっている
　　　　　　⟶ $y = a(x-p)^2 + q$ の形の式を利用する

③ $y = ax^2 + \cdots\cdots$ $\xrightarrow{\text{平行移動}}$ $y = ax^2 + \cdots\cdots$
　　i.e. 平行移動しても，a の値は変わらない　　[☞ a の値はグラフの形を決定]

④ x 軸と2点 $(\alpha, 0), (\beta, 0)$ で交わる ⟶ $y = a(x-\alpha)(x-\beta)$ とおく

⑤ 頂点が直線 $y = 2x$ 上にある ⟶ $\begin{cases} \text{頂点の座標が } (p, 2p) \text{ とおけるから} \\ y = a(x-p)^2 + 2p \text{ とおく} \end{cases}$

問題 → 次ページ

【9】 グラフが，次の条件を満たすような x の2次関数を求めよ。

(1) 3点 $(-1,\ 0),\ (1,\ -2),\ (2,\ 3)$ を通る。

(2) 頂点が $(-1,\ 5)$ で，y 切片が $(0,\ 2)$ である。

(3) 軸の方程式が $x=2$ で，2点 $(0,\ 2),\ (1,\ 1)$ を通る。

(4) $x=2$ のとき，最大値3をとり，$x=3$ のとき $y=1$ である。

(5) $y=-x^2+2x+1$ のグラフを平行移動したもので，2点 $(1,\ 1),\ (3,\ -2)$ を通る。

解答

(1) 2次関数を $y=ax^2+bx+c$ とおく。
3点 $(-1,\ 0),\ (1,\ -2),\ (2,\ 3)$ を通るから

$$\begin{cases} a-b+c=0 & \cdots\cdots ① \\ a+b+c=-2 & \cdots\cdots ② \\ 4a+2b+c=3 & \cdots\cdots ③ \end{cases}$$

①＋② より　$a+c=-1$ ……④ ↗

①×2＋③ より　$2a+c=1$ ……⑤
⑤－④ より　$a=2$
このとき，④より　$c=-3$
①より　$b=-1$
したがって，求める2次関数は
$$y=2x^2-x-3$$

---

(2) 頂点が $(-1,\ 5)$ だから
2次関数は $y=a(x+1)^2+5$ とおける。
これより　$y=ax^2+2ax+a+5$ ↗

y 切片が $(0,\ 2)$ だから　$a+5=2$
　　　　　$\therefore a=-3$
したがって，求める2次関数は
$$y=-3x^2-6x+2$$

---

(3) 軸の方程式が $x=2$ だから
2次関数は $y=a(x-2)^2+q$ とおける。
2点 $(0,\ 2),\ (1,\ 1)$ を通るから

$$\begin{cases} 4a+q=2 & \cdots\cdots ① \\ a+q=1 & \cdots\cdots ② \end{cases}$$

①－② より　$3a=1$　$\therefore a=\dfrac{1}{3}$ ↗

② より　$q=\dfrac{2}{3}$
したがって，求める2次関数は
$$y=\dfrac{1}{3}(x-2)^2+\dfrac{2}{3}$$
$$=\dfrac{1}{3}x^2-\dfrac{4}{3}x+2$$

---

(4) $x=2$ のとき，最大値3をとるから
$y=a(x-2)^2+3$ $(a<0)$ とおける。
$x=3$ のとき $y=1$ だから　$1=a+3$
　　　　　$\therefore a=-2$ ↗

したがって，求める2次関数は
$$y=-2(x-2)^2+3$$
$$=-2x^2+8x-5$$

---

(5) $y=-x^2+2x+1$ を平行移動したもの
だから，求める2次関数は
$$y=-x^2+bx+c \quad とおける。$$
2点 $(1,\ 1),\ (3,\ -2)$ を通るから

$$\begin{cases} b+c=2 & \cdots\cdots ① \\ 3b+c=7 & \cdots\cdots ② \end{cases}$$ ↗

②－① より　$2b=5$　$\therefore b=\dfrac{5}{2}$
また　①より　$c=-\dfrac{1}{2}$
したがって，求める2次関数は
$$y=-x^2+\dfrac{5}{2}x-\dfrac{1}{2}$$

2　2次方程式

2.1　2次方程式の解の公式

(1)　2次方程式　$ax^2 + bx + c = 0 \ (a \neq 0)$　より　　［2次方程式 (quadratic equation)］

$\xrightarrow{\times a}$　$a^2x^2 + abx + ac = 0$　$\longrightarrow$　$(ax)^2 + b(ax) + ac = 0$　［☞ a の符号の影響がない］

$\longrightarrow$　$\left(ax + \dfrac{b}{2}\right)^2 - \dfrac{b^2}{4} + ac = 0$　$\longrightarrow$　$\left(ax + \dfrac{b}{2}\right)^2 = \dfrac{b^2 - 4ac}{4}$

$b^2 - 4ac \geqq 0$　のとき　　$ax + \dfrac{b}{2} = \pm\dfrac{\sqrt{b^2 - 4ac}}{2}$　$\longrightarrow$　$ax = \dfrac{-b \pm \sqrt{b^2 - 4ac}}{2}$

$i.e.$　$\boxed{\ x = \dfrac{-b \pm \sqrt{b^2 - 4ac}}{2a}\ }$　$\longleftarrow$　$\boxed{\text{解の公式}}$ (quadratic formula)

また，　$b^2 - 4ac < 0$　のときは　解なし　　　［☞ 正確には実数解 (real solution) なし］

---

(2)　特に，　$b = 2b'$　のときは　　$-b \pm \sqrt{b^2 - 4ac} = -2b' \pm \sqrt{4b'^2 - 4ac}$

$= 2(-b' \pm \sqrt{b'^2 - ac}\,)$

よって，　$2b'$　のときの解の公式は　　$\boxed{\ x = \dfrac{-b' \pm \sqrt{b'^2 - ac}}{a}\ }$

この場合　　$b'^2 - ac < 0$　のときは　解なし

2.2　2次方程式の解法の手順

(1)「$AB = 0 \iff A = 0,\ B = 0$」の関係を使う　［☞ 厳密には $A = 0$ または $B = 0$］

そこで，　まず 因数分解 できないか　　　［☞ $D = n^2$ (平方数) のときは因数分解できる］

① $\boxed{\text{共通因数}}$ でくくる

$5x^2 + 2x = 0$
$x(5x + 2) = 0$
$\therefore x = 0,\ -\dfrac{2}{5}$

② $\boxed{A^2 - B^2 = (A - B)(A + B)}$

$9x^2 - 4 = 0$
$(3x - 2)(3x + 2) = 0$
$\therefore x = \pm\dfrac{2}{3}$

または，
$x^2 = \dfrac{4}{9}$ より　$x = \pm\dfrac{2}{3}$

---

③ $\boxed{A^2 \pm 2AB + B^2 = (A \pm B)^2}$

$4x^2 + 12x + 9 = 0$
$(2x + 3)^2 = 0$
$\therefore x = -\dfrac{3}{2}$ ［☞ $a^2 = 0 \iff a = 0$］

④ $\boxed{\text{たすき掛け}}$　　［☞ よく使う］

$2x^2 + x - 6 = 0$　［☞ $D = 1 + 48 = 7^2$］
$(2x - 3)(x + 2) = 0$
$\therefore x = \dfrac{3}{2},\ -2$

(2)　$2b'$ の公式を使う $\Bigr\}$ $\rightarrow$ 次ページ

(3)　b の公式を使う

(2) 次に， $\boxed{\textbf{2}b'\textbf{ の公式}}$ が使えないか $\longrightarrow$ $x = \dfrac{-b' \pm \sqrt{b'^2 - ac}}{a}$

（例） $3x^2 - 6x - 2 = 0$ においては

[☞ $b' = -3$ で，$D' = 15 \neq n^2$ だから，因数分解できない $\longrightarrow$ $2b'$ の公式]

解は $\quad x = \dfrac{3 \pm \sqrt{(-3)^2 - 3 \cdot (-2)}}{3}$ 　　[☞ 公式通りに正確に代入]

$\qquad\qquad = \dfrac{3 \pm \sqrt{15}}{3}$

(3) 最後に， $\boxed{\textbf{b の公式}}$ を使う $\longrightarrow$ $x = \dfrac{-b \pm \sqrt{b^2 - 4ac}}{2a}$

（例） $2x^2 - 3x - 4 = 0$ においては

[☞ $b = -3$ で，$D = 41 \neq n^2$（因数分解できない）$\longrightarrow$ b の公式]

解は $\quad x = \dfrac{3 \pm \sqrt{(-3)^2 - 4 \cdot 2 \cdot (-4)}}{2 \cdot 2}$ 　　[☞ 符号に注意]

$\qquad\qquad = \dfrac{3 \pm \sqrt{41}}{4}$

(☞) (2)，(3) で因数分解できないというのは，有理数の範囲でのこと

【10】 次の方程式を解け。

(1) $(x+1)(6x-5) = 10$ 　　　(2) $(5x-2)(x-2) + (2x)^2 = 0$

(3) $3x(x-1) = x+5$ 　　　(4) $2x^2 + \sqrt{3}\,x - 3 = 0$

解答

(1) 与式より $\quad 6x^2 + x - 15 = 0$

$\qquad\qquad (2x-3)(3x+5) = 0$

$\qquad\qquad \therefore x = \dfrac{3}{2},\ -\dfrac{5}{3}$

(2) 与式より $\quad 9x^2 - 12x + 4 = 0$

$\qquad\qquad (3x-2)^2 = 0$

$\qquad\qquad \therefore x = \dfrac{2}{3}$

(3) 与式より $\quad 3x^2 - 4x - 5 = 0$

$\qquad\qquad \therefore x = \dfrac{2 \pm \sqrt{4+15}}{3}$

$\qquad\qquad\quad = \dfrac{2 \pm \sqrt{19}}{3}$

(4)

$\qquad x = \dfrac{-\sqrt{3} \pm \sqrt{3+24}}{4}$

$\qquad\quad = \dfrac{-\sqrt{3} \pm 3\sqrt{3}}{4}$

$\qquad\quad = \dfrac{\sqrt{3}}{2},\ -\sqrt{3}$

【11】 x についての 2 次方程式 $2x^2 + (a-1)x - a^2 - a = 0$ を解け。

解答

与式より $\quad 2x^2 + (a-1)x - a(a+1) = 0$

これより $\quad (x+a)\{2x - (a+1)\} = 0$

$\qquad\qquad \therefore x = -a,\ \dfrac{a+1}{2}$

$$\begin{array}{l} 1 \\ 2 \end{array} \times \begin{array}{cc} a & \rightarrow 2a \\ -(a+1) & \rightarrow -a-1 \end{array}$$
$$\overline{\qquad\qquad\qquad a-1}$$

11

2.3 判別式

(1)　2次方程式 $ax^2 + bx + c = 0$ の解は $x = \dfrac{-b \pm \sqrt{b^2 - 4ac}}{2a}$ だから

$D = b^2 - 4ac$ とおくと

$$\begin{cases} ① \quad D > 0 \iff \textbf{異なる2つの解} をもつ \\[2mm] ② \quad D = 0 \iff \textbf{1個の解（重解）}をもつ \quad \left[\text{☞ 重解は } x = \dfrac{-b}{2a} \right] \\[2mm] ③ \quad D < 0 \iff \textbf{解なし} \quad [\text{☞ 正確には「実数解なし」虚数を学習後は「虚数解をもつ」}] \end{cases}$$

このように，D の符号（正, 0, 負）により，解の有無と個数が判断できるので

$D = b^2 - 4ac$ を 　$\boxed{\textbf{判別式}}$ (discriminant) という

また，①，② より 　「$D \geqq 0 \iff \textbf{(実数)解をもつ}$」もいえる

───────────────────────────────

(2)　2次方程式 $ax^2 + 2b'x + c = 0$ の場合は 　$D = (2b')^2 - 4ac = 4(b'^2 - ac)$ だから

これを 　$\dfrac{D}{4} = b'^2 - ac$ とか $D' = b'^2 - ac$ とかく 　$\left[\text{☞ 数が } \dfrac{1}{4} \text{ になり計算が楽} \right]$

───────────────────────────────

(☞) $\boxed{\begin{array}{l} \quad \text{2次方程式 } ax^2 + bx + c = 0 \text{（}a, b, c \text{ は整数）の判別式を } D \text{ とするとき,} \\[2mm] D = n^2 \text{（}n \text{ は整数）}[\textbf{平方数}]\text{ なら，解は } x = \dfrac{-b \pm \sqrt{n^2}}{2a} = \dfrac{-b \pm n}{2a} \\[2mm] \text{これを改めて } x = \dfrac{t}{s},\ \dfrac{v}{u} \text{ とおくと } sx - t = 0,\ ux - v = 0 \text{ となる} \\[2mm] \text{これより，与式は } (sx - t)(ux - v) = 0 \text{ となる} \\[2mm] \textbf{\textit{i.e. } D が平方数のとき } ax^2 + bx + c \text{ は整数の範囲で因数分解できる} \end{array}}$

$\boxed{\begin{array}{l} \textbf{【12】} \quad \text{次の2次方程式の解を判別せよ。} \\[2mm] (1) \quad x^2 - x + 1 = 0 \qquad\qquad (2) \quad 3x^2 - 2\sqrt{6}\,x + 2 = 0 \\[2mm] (3) \quad 6x^2 + 5x - 4 = 0 \end{array}}$

$\boxed{\text{解答}}$

(1)　与式の判別式を D とすると
$$\begin{aligned} D &= (-1)^2 - 4 \cdot 1 \cdot 1 \\ &= -3 < 0 \end{aligned}$$
よって，与式は(実数)解なし。

───────────────────────────

(2)　与式の判別式を D とすると
$$\begin{aligned} \frac{D}{4} &= (-\sqrt{6})^2 - 6 \\ &= 0 \end{aligned}$$
よって，重解をもつ。

$\left[\text{☞ 重解は } x = \dfrac{-b'}{a} = \dfrac{\sqrt{6}}{3} \right]$

(3)　与式の判別式を D とすると
$$\begin{aligned} D &= 5^2 - 4 \cdot 9 \cdot (-4) \\ &= 25 + 96 \\ &= 121 > 0 \end{aligned}$$
よって，異なる2つの解をもつ。

───────────────────────────

この場合 　$D = 121 = 11^2$ だから
与式は因数分解できる。

たすき掛けより，与式は
$$(2x - 1)(3x + 4) = 0$$
$$\therefore \ x = \frac{1}{2},\ -\frac{4}{3}$$

$\boxed{\begin{array}{ccc} 2 & \diagdown\!\!\!\!\diagup & -1 \to -3 \\ 3 & & 4 \to\ \ 8 \\ \hline & & 5 \end{array}}$

2.4　2次方程式と2次関数のグラフの関係

$f(x) = ax^2 + bx + c \ (a \neq 0)$ に対して

2次関数 $y = f(x)$ と
2次方程式 $f(x) = 0$　の関係は次のようになっている

(☞) $a > 0$ の場合で考える（$a < 0$ の場合も同様である）

(1) $\boxed{D > 0}$ のとき, $y = f(x)$ のグラフは次のようになる

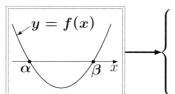

① $f(x) = 0 \longrightarrow$ 異なる2つの解 をもつ
　このとき　$f(x) = a(x-\alpha)(x-\beta)$

② $y = f(x) \longrightarrow x$ 軸と2個の共有点 をもつ
　共有点の座標は　$(\alpha, \ 0), \ (\beta, \ 0)$

(2) $\boxed{D = 0}$ のとき, $y = f(x)$ のグラフは次のようになる

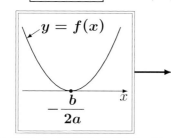

① $f(x) = 0 \longrightarrow$ 重解（1個の実数解）をもつ
　重解は　$x = \dfrac{-b}{2a}$ or $x = \dfrac{-b'}{a}$

② $y = f(x) \longrightarrow x$ 軸と接する
　接点の座標は　$\left(\dfrac{-b}{2a},\ 0\right)$ or $\left(\dfrac{-b'}{a},\ 0\right)$

(3) $\boxed{D < 0}$ のとき, $y = f(x)$ のグラフは次のようになる

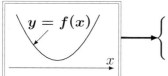

① $f(x) = 0 \longrightarrow$ 解なし（実数解なし）

② $y = f(x) \longrightarrow x$ 軸との共有点はなし

【13】　次の2次関数のグラフと x 軸との共有点の個数を調べ, 共有点がある場合はその座標を求めよ。
(1) $y = -x^2 + 4x + 3$　　(2) $y = 2x^2 - 3x + 2$
(3) $y = 3x^2 - 10x + 8$　　(4) $y = 4x^2 - 12x + 9$

解答

(1) $-x^2 + 4x + 3 = 0$ の判別式を D とすると　$\dfrac{D}{4} = 2^2 + 3 = 7 > 0$
よって, x 軸と2個の共有点をもつ。
次に　$x^2 - 4x - 3 = 0$ を解くと
　$x = 2 \pm \sqrt{7}$
よって, 共有点の座標は
　$(2 - \sqrt{7}, \ 0), \ (2 + \sqrt{7}, \ 0)$

(2) $2x^2 - 3x + 2 = 0$ の判別式を D とすると　$D = (-3)^2 - 4 \cdot 2 \cdot 2$
　　$= -7 < 0$
よって, 共有点はなし。

(3), (4) → 次ページ

問【13】の 解答

(3) $3x^2 - 10x + 8 = 0$ の判別式を D とすると $\dfrac{D}{4} = (-5)^2 - 3 \cdot 8 = 1 > 0$
よって，2個の共有点をもつ。
次に $3x^2 - 10x + 8 = 0$ より
$(x-2)(3x-4) = 0$
$\therefore x = 2, \dfrac{4}{3}$
よって，共有点の座標は
$(2, 0), \left(\dfrac{4}{3}, 0\right)$

(4) $4x^2 - 12x + 9 = 0$ の判別式を D とすると $\dfrac{D}{4} = 6^2 - 36 = 0$
よって，1個の共有点(接点)をもつ。
次に $4x^2 - 12x + 9 = 0$ より
$(2x-3)^2 = 0 \quad \therefore x = \dfrac{3}{2}$
よって，共有点の座標は $\left(\dfrac{3}{2}, 0\right)$

【14】 2次関数 $y = x^2 - 2x + k$ のグラフが x 軸と共有点をもつとき，定数 k の値の範囲を求めよ。

解答
$x^2 - 2x + k = 0$ の判別式を D とすると，グラフが x 軸と共有点を持つための条件は
$\dfrac{D}{4} = 1 - k \geqq 0$
$\therefore k \leqq 1$

別解 $y = x^2 - 2x + k$
$= (x-1)^2 + k - 1$
グラフは下に凸で
頂点は $(1, k-1)$ だから
題意を満たすための条件は
$k - 1 \leqq 0$
$\therefore k \leqq 1$

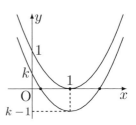

【15】 2次方程式 $x^2 + 2(a+2)x + a(a+2) = 0$ の解の個数を求めよ。

解答
判別式を D とすると $\dfrac{D}{4} = (a+2)^2 - a(a+2) = 2(a+2)$
よって，解の個数は $D > 0$ すなわち $a > -2$ のとき 2個
$D = 0$ すなわち $a = -2$ のとき 1個
$D < 0$ すなわち $a < -2$ のとき 0個

【16】 2次関数 $y = x^2 - 2(a+1)x + a + 7$ のグラフが x 軸と接するとき，定数 a の値と接点の座標を求めよ。

解答
2次方程式 $x^2 - 2(a+1)x + a + 7 = 0$ の判別式を D とすると
グラフが x 軸と接するための条件は
$\dfrac{D}{4} = (a+1)^2 - (a+7) = 0$
これより $a^2 + a - 6 = 0$
$(a-2)(a+3) = 0$
$\therefore a = 2, -3$

また，接点の x 座標は
$x = -\{-(a+1)\} = a+1$
$\left[\text{☞ 接点の座標は} \left(\dfrac{-b'}{a}, 0\right)\right]$
よって，接点の座標は
$a = 2$ のとき $(3, 0)$
$a = -3$ のとき $(-2, 0)$

2.5 放物線と直線の関係

(1) x 軸の方程式は $y=0$ だから，放物線 $y=ax^2+bx+c$ と x 軸 $(y=0)$ との共有点の x 座標は $ax^2+bx+c=0$ を満たす

すなわち，2次方程式 $ax^2+bx+c=0$ の解である

(2) 一般に $\begin{cases} 放物線 \quad y=ax^2+bx+c \quad \cdots\cdots ① \\ 直線 \quad\quad y=mx+n \quad\cdots\cdots ② \end{cases}$ に対して

①，② が共有点をもつとき，その共有点の座標は ①，② を同時に満たす

すなわち，連立方程式 ①，② の解である

[☞ ①，② より，$ax^2+bx+c=mx+n \longrightarrow x \xrightarrow{②} y \longrightarrow$ 共有点の座標]

【17】 放物線 $y=2x^2-4x+1$ と 直線 $y=x-1$ の共有点の座標を求めよ。

解答

$\begin{cases} y=2x^2-4x+1 \quad \cdots\cdots ① \\ y=x-1 \quad\cdots\cdots ② \end{cases}$ とおく。

①，② より $2x^2-4x+1=x-1$

これより $2x^2-5x+2=0$

$(2x-1)(x-2)=0$

$\therefore x=\dfrac{1}{2},\ 2$

② より $x=\dfrac{1}{2}$ のとき $y=-\dfrac{1}{2}$

$x=2$ のとき $y=1$ ↗

よって，求める共有点の座標は

$\left(\dfrac{1}{2},\ -\dfrac{1}{2}\right),\ (2,\ 1)$

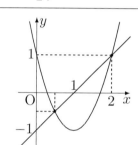

【18】 放物線 $y=-x^2+2x+2$ と直線 $y=2x+p$ が接するとき，定数 p の値を求めよ。また，そのときの接点の座標を求めよ。

解答

$\begin{cases} y=-x^2+2x+2 \quad \cdots\cdots ① \\ y=2x+p \quad\cdots\cdots ② \end{cases}$ とおく。

①，② より $-x^2+2x+2=2x+p$

これより $x^2+(p-2)=0 \quad \cdots\cdots ③$

③ の判別式を D とすると

①，② が接するための条件は

$\dfrac{D}{4}=-(p-2)=0$ [☞ $b=0$ の場合]

$\therefore p=2$

よって，③ は $x^2=0 \quad \therefore x=0$ ↗

このとき，① より $y=2$

したがって

$p=2$ また，接点の座標は $(0,\ 2)$

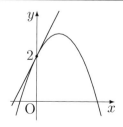

3 2次不等式

2次不等式 $ax^2+bx+c>0\ (<0,\ \geqq 0,\ \leqq 0)$ について考える

このとき，$f(x)=ax^2+bx+c$ とおき，$f(x)=0$ の判別式を D とする

特に，2次不等式のときは $a>0$ にして解くようにした方がよい

3.1 $D>0$ のとき

(1) $a>0$ のとき，$y=f(x)$ のグラフは右の図のようになり
$ax^2+bx+c=a(x-\alpha)(x-\beta)$ と変形できる

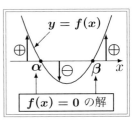

$\begin{cases} ① \ D=n^2 \text{（平方数）のときは，{\bf 因数分解}できる} \\ \quad \text{(i) たすき掛け}\quad \text{(ii) } a^2-b^2=\quad \text{(iii) } a^2\pm 2ab+b^2= \\ ② \ D \text{ が平方数でないときは，{\bf 解の公式}で } \alpha,\ \beta \text{ を求める} \end{cases}$

(2) (1)のグラフと関連させて，次のことを納得し覚える（この場合 $\alpha<\beta$ とする）

① $\boxed{(x-\alpha)(x-\beta)>0}$ $\xrightarrow{\text{正}(>0)\text{なら 外側}}$ $\boxed{x<\alpha,\ \beta<x}$

[読み方 ☞ x は α より小さいか または β より大きい]

② $\boxed{(x-\alpha)(x-\beta)<0}$ $\xrightarrow{\text{負}(<0)\text{なら 内側}}$ $\boxed{\alpha<x<\beta}$

[読み方 ☞ x は α より大きく かつ β より小さい]

同様に

$(x-\alpha)(x-\beta)\geqq 0 \xrightarrow{\text{解は}} x\leqq\alpha,\ \beta\leqq x$ [☞ x は α 以下 または β 以上]

$(x-\alpha)(x-\beta)\leqq 0 \xrightarrow{\text{解は}} \alpha\leqq x\leqq\beta$ [☞ x は α 以上 かつ β 以下]

【19】 次の2次不等式を解け。
(1) $x^2-3x+2>0$ (2) $x^2-x-6\leqq 0$
(3) $20x^2-31x+12\geqq 0$ (4) $x^2+3x-2<0$

解答

(1) [☞ $D=9-8=1^2$]
与式より $(x-2)(x-1)>0$
$\therefore\ x<1,\ 2<x$

(2) [☞ $D=1+24=5^2$]
与式より $(x-3)(x+2)\leqq 0$
$\therefore\ -2\leqq x\leqq 3$

(3) [☞ $D=961-960=1^2$]
与式より $(4x-3)(5x-4)\geqq 0$
$\therefore\ x\leqq \dfrac{3}{4},\ \dfrac{4}{5}\leqq x$

[☞ 大小に注意 $\longrightarrow \dfrac{3}{4}=\dfrac{15}{20},\ \dfrac{4}{5}=\dfrac{16}{20}$]

(4) [☞ $D=9+8=17\neq n^2$]
$x^2+3x-2=0$ を解くと
$x=\dfrac{-3\pm\sqrt{17}}{2}$
よって，不等式の解は
$\dfrac{-3-\sqrt{17}}{2}<x<\dfrac{-3+\sqrt{17}}{2}$

3.2　$D = 0$ のとき

(1)　$a > 0$ のとき，$y = f(x)$ のグラフは右図のようになり

$$ax^2 + bx + c = a(x - \alpha)^2 \quad \text{と変形できる}$$

このとき　$y = a(x - \alpha)^2$ は

$\begin{cases} x = \alpha \text{ のときのみ } y = 0 \text{ となり，} \\ x \text{ が } \alpha \text{ 以外の実数のときは } y > 0 \text{ である} \end{cases}$

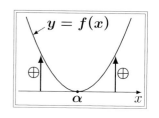

(2)　(1)のグラフと関連させて，次のことを納得し覚える

① $(x - \alpha)^2 > 0$ 　解は　α 以外のすべての実数　［☞ 実数と明記］

　　［☞ 解の書き方には別に次の2つがある　① $x \neq \alpha$　② $x < \alpha,\ \alpha < x$］

② $(x - \alpha)^2 \geqq 0$ 　解は　すべての実数　［☞ 実数と明記］

③ $(x - \alpha)^2 < 0$ 　解は　なし　［☞ 正確には実数解なし］

④ $(x - \alpha)^2 \leqq 0$ 　解は　$x = \alpha$　［☞ α のみが解］

【20】 次の2次不等式を解け。

(1)　$9x^2 - 12x + 4 \leqq 0$　　(2)　$4x^2 + 4\sqrt{3}\,x + 3 > 0$

解答

(1)　［☞ $D' = 36 - 36 = 0$］

与式より　$(3x - 2)^2 \leqq 0$

$\therefore\ x = \dfrac{2}{3}$

(2)　［☞ $D' = 12 - 12 = 0$］

与式より　$(2x + \sqrt{3})^2 > 0$

$\therefore\ x \neq -\dfrac{\sqrt{3}}{2}$

3.3　$D < 0$ のとき

(1)　$a > 0$ のとき，$y = f(x)$ のグラフは右図のようになり

　　すべての実数 x に対して $y > 0$ である

(2)① $\begin{cases} ax^2 + bx + c > 0 \\ ax^2 + bx + c \geqq 0 \end{cases}$ 　解は　すべての実数

　② $\begin{cases} ax^2 + bx + c < 0 \\ ax^2 + bx + c \leqq 0 \end{cases}$ 　解は　なし　［☞ 正確には実数解なし］

(3)　また，**平方完成**の式変形で判断することもできる

$ax^2 + bx + c > 0\ (a > 0)$ より　$a(x - p)^2 + 正 > 0$　と変形すると

$(x - p)^2 \geqq 0$ だから，与式は常に成り立つ　すなわち，**解はすべての実数**となる

【21】 2次不等式 $-3x^2+4x-2 \leqq 0$ を解け。

解答

与式より $3x^2-4x+2 \geqq 0$　　[☞ -1 を掛けて，x^2 の係数を正に]

このとき $3x^2-4x+2=0$ の判別式を D とすると

$$\frac{D}{4} = 4-3\cdot 2 = -2 < 0$$

よって，2次関数 $y=3x^2-4x+2$ のグラフは右図のようになる。
したがって，不等式の解はすべての実数である。

別解 与式より $3x^2-4x+2 \geqq 0$

このとき
$$3x^2-4x+2 = 3\left(x^2-\frac{4}{3}x\right)+2$$
$$= 3\left(x-\frac{2}{3}\right)^2+\frac{2}{3}$$

ここで $\left(x-\frac{2}{3}\right)^2 \geqq 0$ だから

$$3\left(x-\frac{2}{3}\right)^2+\frac{2}{3} > 0$$

すなわち $3x^2-4x+2 > 0$
したがって
不等式の解はすべての実数である。

【22】 次の2次不等式を解け。

(1) $15x^2+19x+6 > 0$ 　　(2) $3x^2-12x+13 < 0$

(3) $2x^2-6\sqrt{2}\,x+9 \leqq 0$ 　　(4) $x^2-2x-2 > 0$

解答

(1) [☞ $D=19^2-4\cdot 15\cdot 6 = 361-360 = 1^2$]

与式より $(5x+3)(3x+2) > 0$

$\therefore\ x < -\dfrac{2}{3},\ -\dfrac{3}{5} < x$

[☞ 大小に注意 → $\dfrac{2}{3}=\dfrac{10}{15},\ \dfrac{3}{5}=\dfrac{9}{15}$]

(2) [☞ $D'=6^2-3\cdot 13 = -3 < 0$]

$3x^2-12x+13 = 3(x^2-4x)+13$
$= 3(x-2)^2+1$

ここで $(x-2)^2 \geqq 0$ だから
$3x^2-12x+13 > 0$
よって，不等式の解はなし。

(3) [☞ $D'=(3\sqrt{2})^2-2\cdot 9 = 18-18 = 0$]

与式より $(\sqrt{2})^2 x^2 - 2\cdot 3\sqrt{2}\,x + 3^2 \leqq 0$
$(\sqrt{2}\,x-3)^2 \leqq 0$

$\therefore\ x = \dfrac{3}{\sqrt{2}} = \dfrac{3\sqrt{2}}{2}$

(4) [☞ $D'=1+2=3>0$]

$x^2-2x-2=0$ を解くと
$x = 1 \pm \sqrt{3}$
よって，不等式の解は
$x < 1-\sqrt{3},\ 1+\sqrt{3} < x$

3.4 連立不等式

【23】 連立不等式 $\begin{cases} 9x^2-30x+16 \geqq 0 \\ x^2-3x+1 < 0 \end{cases}$ を解け。

解答 → 次ページ

$$\left[\text{☞}\ \begin{cases} 9x^2-30x+16=0 \longrightarrow D'=225-144=81=9^2 \\ x^2-3x+1=0 \longrightarrow D=9-4=5 \neq n^2 \end{cases}\right]$$

18

問【23】の 解答

$\begin{cases} 9x^2 - 30x + 16 \geqq 0 & \cdots\cdots ① \\ x^2 - 3x + 1 < 0 & \cdots\cdots ② \end{cases}$ とおく。

① より $(3x-2)(3x-8) \geqq 0$

$\therefore x \leqq \dfrac{2}{3},\ \dfrac{8}{3} \leqq x$ ……①′

次に $x^2 - 3x + 1 = 0$ を解くと

$$x = \dfrac{3 \pm \sqrt{9-4}}{2} = \dfrac{3 \pm \sqrt{5}}{2}$$

よって，② の解は

$$\dfrac{3-\sqrt{5}}{2} < x < \dfrac{3+\sqrt{5}}{2}\ \cdots\cdots ②'$$

①′, ②′ を図示すると

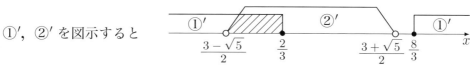

したがって，求める解は $\dfrac{3-\sqrt{5}}{2} < x \leqq \dfrac{2}{3}$

$\left[\begin{array}{l} \text{☞ 大小の比較を確実に !! 例えば} \\ \dfrac{8}{3} - \dfrac{3+\sqrt{5}}{2} = \dfrac{16 - 9 - 3\sqrt{5}}{6} = \dfrac{\sqrt{49} - \sqrt{45}}{6} > 0 \quad \therefore \dfrac{3+\sqrt{5}}{2} < \dfrac{8}{3} \end{array}\right]$

4　解の存在範囲

$f(x) = ax^2 + b + c\ (a \neq 0)$ に対して，$f(x) = 0$ の判別式を D とするとき **$f(x) = 0$ の解の存在範囲**を，2次関数 $y = f(x)$ のグラフとの関係でみていく

(1) ① $\begin{Bmatrix} f(x) = 0 \text{ が} \\ \text{実数解 をもつ} \end{Bmatrix} \Longleftrightarrow \begin{Bmatrix} y = f(x) \text{ が } x \text{ 軸と} \\ \text{共有点 をもつ} \end{Bmatrix} \Longleftrightarrow D \geqq 0$

　　　　　　　　　　　[☞ 異なる2個の実数解，2個の共有点の場合は当然 $D > 0$]

② $\begin{Bmatrix} \text{常に } f(x) > 0 \\ \text{が成り立つ} \end{Bmatrix} \Longleftrightarrow \begin{Bmatrix} y = f(x) \text{ の} \\ \text{値が常に正} \end{Bmatrix} \Longleftrightarrow$ [図] $\Longleftrightarrow \begin{cases} ①\ a > 0 \\ ②\ D < 0 \end{cases}$

(☞) (2), (3), (4) においては $a > 0$ の場合で考える

(2) $\begin{Bmatrix} f(x) = 0 \text{ が} \\ \text{正と負の解} \\ \text{をもつ} \end{Bmatrix} \Longleftrightarrow \begin{Bmatrix} y = f(x) \text{ が} \\ x \text{ 軸の正と負の} \\ \text{部分で交わる} \end{Bmatrix} \Longleftrightarrow$ [図] $\Longleftrightarrow f(0) = c < 0$

(3) $\begin{Bmatrix} f(x) = 0 \text{ が} \\ \text{ともに正の解} \\ \text{をもつ} \end{Bmatrix} \Longleftrightarrow$ [図] $\Longleftrightarrow \begin{cases} ①\ D \geqq 0 \\ ②\ \text{軸}\ x = p > 0 \quad \left(p = \dfrac{-b}{2a}\right) \\ ③\ f(0) = c > 0 \end{cases}$

(4) $\begin{Bmatrix} f(x) = 0 \text{ が} \\ 1 < x < 3 \text{ の} \\ \text{範囲に解をもつ} \end{Bmatrix} \Longleftrightarrow$ [図] $\Longleftrightarrow \begin{cases} ①\ D \geqq 0 \\ ②\ \text{軸}\ x = p \text{ に対して} \\ \quad 1 < p < 3 \\ ③\ f(1) > 0 \\ ④\ f(3) > 0 \end{cases}$

(☞) 条件についての説明 → 次ページ

【解の存在範囲の条件についての追加説明】

［Ⅰ］ 解の存在範囲が変わった場合

　　1　(1) ①, (3), (4) の場合，**異なる** 2つの解 (共有点) のとき ⟶ **$D > 0$**

　　2　(3) で，軸 $x = p < 0$ のとき ⟶ 「ともに負の解をもつ」という条件になる

　　3　(3) で，「ともに正」という条件が「ともに 1 より大きい」と変わると，条件は
　　　　　⟶ ② 軸 $x = p$ に対して $p > 1$　　③ $f(1) > 0$

_____

［Ⅱ］ (3), (4) の**どの 1 つも欠かせない条件**であることを確認し，納得しておくこと

　　例を挙げると

　　1　(3) で，「② 軸 $x = p > 0$」の条件　⟶ 抜けると ⟶ 　　　　［☞［Ⅰ］の 2 ］

_____

　　2　(4) で，「② 軸の条件 $1 < p < 3$」　⟶ 抜けると ⟶

　　　　［☞ この図と次図では，1 の幅を変えているので注意］

_____

　　3　(4) で，「③ $f(1) > 0$」の条件　⟶ 抜けると ⟶

　　(☞)　その他の条件についても，「抜けたらダメ」を確認をしておくことが大切

_____

【24】 2次関数 $y = ax^2 + 4x + a + 3$ が x 軸と共通点をもつとき，定数 a の値の範囲を求めよ。

|解答|　　［ ☞ わざわざ 2 次関数と書いてある意味は？ ］

　　$f(x) = ax^2 + 4x + a + 3$ とおくと，$y = f(x)$ が 2 次関数だから　　$a \neq 0$ ……①

次に，$f(x) = 0$ の判別式を D' とすると，題意を満たすための条件は　$D' \geqq 0$

これより　$2^2 - a(a + 3) \geqq 0$　だから　$a^2 + 3a - 4 \leqq 0$

　　　　　$(a + 4)(a - 1) \leqq 0$

　　　　　$\therefore -4 \leqq a \leqq 1$ ……②

したがって，①，② より，求める a の値の範囲は

　　　　$-4 \leqq a < 0, \quad 0 < a \leqq 1$　　　　　［☞ ① の $a \neq 0$ に注意］

_____

【25】 2次不等式 $ax^2 + 2x + 4a > 0$ が常に成り立つとき，定数 a の値の範囲を求めよ。

|解答|　→ 次ページ

問【25】の 解答

題意より $a \neq 0$ ……① また $f(x) = ax^2 + 2x + 4a$ とおくと
常に $f(x) > 0$ が成り立つためには $y = f(x)$ のグラフが右図
のようになればよい。そのための条件は，次の2つである。

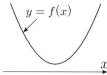

[I] グラフは下に凸だから $a > 0$ ……②

[II] グラフは x 軸と共有点をもたないから，$f(x) = 0$ の判別式を D とすると
$$\frac{D}{4} = 1 - a \cdot 4a < 0 \quad \text{これより} \quad (2a+1)(2a-1) > 0$$
$$\therefore a < -\frac{1}{2}, \ \frac{1}{2} < a \ \cdots\cdots ③$$

したがって，①，②，③ より，求める a の値の範囲は $a > \frac{1}{2}$

別解 $x = 0$ のとき，与式より $4a > 0$ $\therefore a > 0$ ……①

このとき $ax^2 + 2x + 4a = a\left(x^2 + \frac{2}{a}x\right) + 4a$
$$= a\left(x + \frac{1}{a}\right)^2 - \frac{1}{a} + 4a$$

ここで $a\left(x + \frac{1}{a}\right)^2 \geqq 0$ だから，題意を満たすための条件は $-\frac{1}{a} + 4a > 0$

両辺に $a > 0$ を掛けると $4a^2 - 1 > 0$ これより $(2a+1)(2a-1) > 0$
$$\therefore a < -\frac{1}{2}, \ \frac{1}{2} < a \ \cdots\cdots ②$$

したがって，①，② より求める a の値の範囲は $a > \frac{1}{2}$

(☞) 問【25】は，次の問題と内容的に同じである

【25】 2次関数 $y = ax^2 + 2x + 4a$ が常に正の値をとるような定数 a の値の範囲を求めよ。

【26】 2次方程式 $x^2 - 2(a-1)x + a + 5 = 0$ が1より大きい異なる2つの解をもつような定数 a の値の範囲を求めよ。

解答
 $f(x) = x^2 - 2(a-1)x + a + 5$ とおく。
$f(x) = 0$ が題意を満たすためには，$y = f(x)$ のグラフが，右図の
ようになればよい。そのための条件は次の3つである。

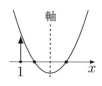

[I] $f(x) = 0$ の判別式を D とすると，$D > 0$ だから
$$\frac{D}{4} = (a-1)^2 - (a+5) > 0 \quad \text{より} \quad a^2 - 3a - 4 > 0$$
これより $(a-4)(a+1) > 0$ $\therefore a < -1, \ 4 < a \ \cdots\cdots ①$

[II] 軸の方程式は $x = a - 1$ だから $a - 1 > 1$ $\therefore a > 2 \ \cdots\cdots ②$

[III] $f(1) > 0$ より $-a + 8 > 0$ $\therefore a < 8 \ \cdots\cdots ③$

(☞) 解答の続き → 次ページ

問【26】の解答の続き

①, ②, ③ を図示すると, 次のようになる。

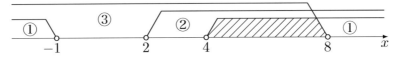

したがって, 求める a の値の範囲は $4 < a < 8$

【27】 2次方程式 $x^2 - (a+2)x + a^2 = 0$ が $0 < x < 2$ の範囲に解をもつような定数 a の値の範囲を求めよ。

解答

$f(x) = x^2 - (a+2)x + a^2$ とおく。
$f(x) = 0$ が $0 < x < 2$ の範囲に解をもつためには
$y = f(x)$ のグラフが右図のようになればよい。
そのための条件は次の4つである。

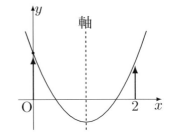

[I] $f(x) = 0$ の判別式を D とすると
$$D = (a+2)^2 - 4a^2 \geq 0$$
$$3a^2 - 4a - 4 \leq 0$$
$$(3a+2)(a-2) \leq 0$$
$$\therefore -\frac{2}{3} \leq a \leq 2 \quad \cdots\cdots ①$$

[II] 軸は $x = \dfrac{a+2}{2}$ だから $0 < \dfrac{a+2}{2} < 2$
$$\therefore -2 < a < 2 \quad \cdots\cdots ②$$

[III] $f(0) = a^2 > 0$ より
$$a \neq 0 \quad \cdots\cdots ③ \qquad [☞ 不等式で書くと $a < 0, 0 < a$]$$

[IV] $f(2) = 4 - 2(a+2) + a^2 > 0$ より $a(a-2) > 0$
$$\therefore a < 0, \ 2 < a \quad \cdots\cdots ④$$

よって, ①, ②, ③, ④ を図示すると, 次のようになる。

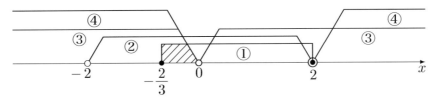

図の ①, ②, ③, ④ の共通部分が求める a の値の範囲だから
$$-\frac{2}{3} \leq a < 0$$

数I

④ 三角比

【円周角の定理】

右の図は半径50mmの円で，円上に2点A，Bをとる。この2点に対して，点$P_1 \sim P_4$をとり円周角を作る。

これらの円周角の角度を実際に分度器で計ってみると？

中心角∠AOB，また∠AQBも計ってみてどうなっているか実際に確認してみることも大切。

それから，下の図で数学的に納得できればO.K.

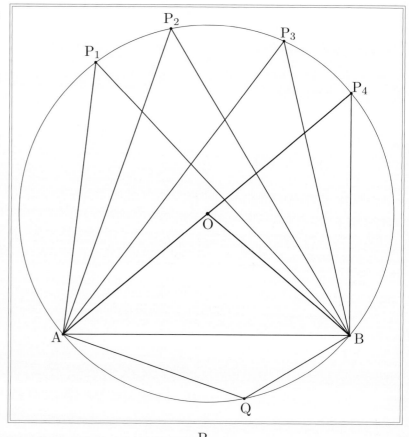

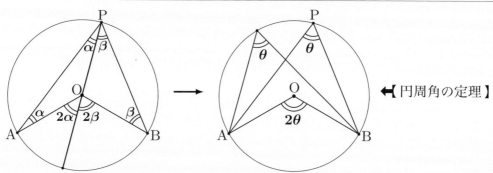

←【円周角の定理】

目 次

1 三角比の定義と相互関係   **3**

2 三角比の拡張   **4**
  2.1 $0°$ から $180°$ までに拡張された三角比 5
  2.2 三角方程式・不等式 6
  2.3 相互関係の問題 6
  2.4 $90° \pm \theta,\ 180° - \theta$ の三角比 7
  2.5 2直線のなす角 8

3 三角形への応用   **8**
  3.1 正弦(sin)定理 8
  3.2 余弦(cos)定理 10
     3.2.1 余弦定理の隣接向かいの使い方 11
  3.3 正弦・余弦定理の三角形への応用 11
  3.4 角と辺の関係 12

4 三角形の面積   **12**

5 円に内接する四角形   **14**

6 三角錐(四面体)の体積   **16**

7 問 題   **17**

1 三角比の定義と相互関係

(1)
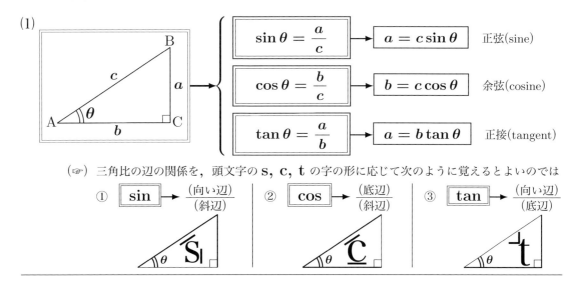

(☞) 三角比の辺の関係を，頭文字の **s, c, t** の字の形に応じて次のように覚えるとよいのでは

① $\boxed{\sin} \rightarrow \dfrac{(向い辺)}{(斜辺)}$　② $\boxed{\cos} \rightarrow \dfrac{(底辺)}{(斜辺)}$　③ $\boxed{\tan} \rightarrow \dfrac{(向い辺)}{(底辺)}$

(2) (1)の三角形において，斜辺の長さを 1 にすると次のような関係になる

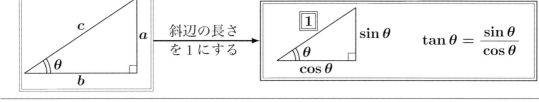

(3) (2)より，次の **三角比の相互関係** がある　　　[☞ $(\sin\theta)^2$ を $\sin^2\theta$ とかく]

① $\boxed{\sin^2\theta + \cos^2\theta = 1}$ $\Rightarrow \begin{cases} \sin^2\theta = 1 - \cos^2\theta = (1-\cos\theta)(1+\cos\theta) \\ \cos^2\theta = 1 - \sin^2\theta = (1-\sin\theta)(1+\sin\theta) \end{cases}$

② $\boxed{\tan\theta = \dfrac{\sin\theta}{\cos\theta}} \longrightarrow \sin\theta = \tan\theta\cos\theta$

③ $\cos^2\theta + \sin^2\theta = 1 \xrightarrow{\text{両辺を }\cos^2\theta\text{ で割ると}} \boxed{1 + \tan^2\theta = \dfrac{1}{\cos^2\theta}}$

また，これより　　$\cos^2\theta = \dfrac{1}{1+\tan^2\theta}$

(4) (☞)「三角比の表」を見ると分かるようにほとんど無理数であるが，この数Ⅰの「三角比」の項で扱う角度は，三角比の値が無理数であっても，その値が根号等を使って簡単な形で表される角度を扱うそれが次の 45°，30°・60° の三角比の値である

① **45°の三角比**

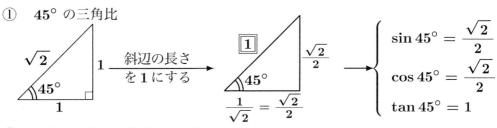

② **30°・60°の三角比** → 次ページ

(4) ② 30°・60° の三角比

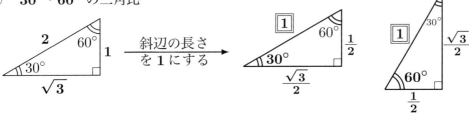

$$\begin{cases} \boxed{1} \quad \sin 30° = \dfrac{1}{2} \quad \cos 30° = \dfrac{\sqrt{3}}{2} \quad \tan 30° = \dfrac{1}{\sqrt{3}} = \dfrac{\sqrt{3}}{3} \\ \boxed{2} \quad \sin 60° = \dfrac{\sqrt{3}}{2} \quad \cos 60° = \dfrac{1}{2} \quad \tan 60° = \sqrt{3} \end{cases}$$

(☞) $\begin{cases} ① \text{ 上に挙げた三角比の値はすぐ出せるようにしておくこと} \\ ② \text{ また } \cos\theta = \dfrac{\sqrt{2}}{2} \text{ 等より,}\ \theta \text{ の値(度)も出せるようにしておく} \end{cases}$

【1】 $\sin\theta = \dfrac{3}{4}$ を満たす鋭角 θ に対して, $\cos\theta$, $\tan\theta$ の値を求めよ.

解答 [☞ 鋭角は $0° < \theta < 90°$, 直角は $\theta = 90°$, 鈍角は $90° < \theta < 180°$]

$\cos^2\theta = 1 - \sin^2\theta = \dfrac{7}{16}$

ここで, θ は鋭角だから $\cos\theta > 0$

∴ $\cos\theta = \dfrac{\sqrt{7}}{4}$

また $\tan\theta = \dfrac{\sin\theta}{\cos\theta} = \dfrac{3}{\sqrt{7}} = \dfrac{3\sqrt{7}}{7}$

したがって

$\cos\theta = \dfrac{\sqrt{7}}{4}$, $\tan\theta = \dfrac{3\sqrt{7}}{7}$

2 三角比の拡張

(1) **直角三角形 ($0° < \theta < 90°$) で定義した三角比**を**一般の三角形 ($0° < \theta < 180°$)** へ, さらに $0°$, $90°$, $180°$ の 三角比へと, 次のようにして**拡張**していく

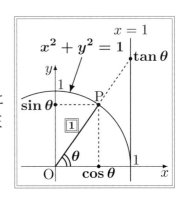

右図のように, 半径 1 の円(**単位円**) $x^2 + y^2 = 1$ 上に点 P をとり, 原点 O と結ぶ線分 OP (**動径**)と x 軸の正の部分がなす角を θ $(0° < \theta < 90°)$ とすると

点 P の x 座標は $\cos\theta$, y 座標は $\sin\theta$ である

また, 直線 $x = 1$ と動径 OP の交点が $\tan\theta$ となる

そこで, この単位円を使って角度 θ を, **鋭角から鈍角**さらに**直角, $0°$, $180°$** へと**拡張**し, $\sin\theta$, $\cos\theta$, $\tan\theta$ の値を定義する. それが**次ページの図**である

(2) また, $0° \leqq \theta \leqq 180°$ の場合でも, 次の相互関係は成り立つ

① $\sin^2\theta + \cos^2\theta = 1$ ② $\tan\theta = \dfrac{\sin\theta}{\cos\theta}$ ③ $1 + \tan^2\theta = \dfrac{1}{\cos^2\theta}$

2.1　0°から180°までに拡張された三角比

(1)　右の図により
　　　$0° \leqq \theta \leqq 180°$
の $\sin\theta$, $\cos\theta$, $\tan\theta$ の値が
出せるようにしておくこと
　逆に，$\sin\theta$, $\cos\theta$, $\tan\theta$
の値より，θ の値を求められる
ようにしておくことも大切

【 sin，cos の値 】

① 45°関係 $\longrightarrow \pm\dfrac{\sqrt{2}}{2}$
　(45°, 135°)

② 30°・60°関係
　(30°, 60°, 120°, 150°)
　$\longrightarrow \pm\dfrac{1}{2},\ \pm\dfrac{\sqrt{3}}{2}$

③ 90°関係 $\longrightarrow$ 0，± 1
　(0°, 90°, 180°)

【 tan の値 】

① 45°, 135° $\longrightarrow \pm 1$

② 30°, 150° $\longrightarrow \pm\dfrac{\sqrt{3}}{3}$

③ 60°, 120° $\longrightarrow \pm\sqrt{3}$

④ 0°, 180° $\longrightarrow$ 0

(☞) $\tan 90°$ は定義されない

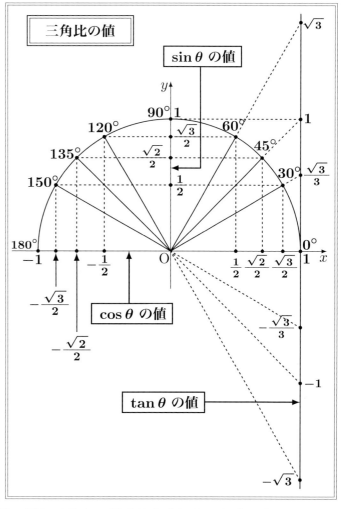

(2)　次の値を，図を書くか頭に思い浮かべるかで出せるようにしておくこと
　　また逆に，三角比の値から角度 [☞ sin の場合は 2 つある] を出せるようにしておくこと

① 90°関係
$\begin{cases} \sin 0° = \\ \cos 0° = \\ \tan 0° = \end{cases}$
$\begin{cases} \sin 90° = \\ \cos 90° = \\ \tan 90° = \end{cases}$
$\begin{cases} \sin 180° = \\ \cos 180° = \\ \tan 180° = \end{cases}$

② 45°関係
$\begin{cases} \sin 45° = \\ \cos 45° = \\ \tan 45° = \end{cases}$
$\begin{cases} \sin 135° = \\ \cos 135° = \\ \tan 135° = \end{cases}$

③ 30°関係
$\begin{cases} \sin 30° = \\ \cos 30° = \\ \tan 30° = \end{cases}$
$\begin{cases} \sin 150° = \\ \cos 150° = \\ \tan 150° = \end{cases}$

④ 60°関係
$\begin{cases} \sin 60° = \\ \cos 60° = \\ \tan 60° = \end{cases}$
$\begin{cases} \sin 120° = \\ \cos 120° = \\ \tan 120° = \end{cases}$

(3)　$0° \leqq \theta \leqq 180°$ のとき，三角比のとる値の範囲は次のようになる

$\boxed{0 \leqq \sin\theta \leqq 1}$　　$\boxed{-1 \leqq \cos\theta \leqq 1}$　　$\boxed{\tan\theta \text{ は任意の値をとる}}$

2.2　三角方程式・不等式

【2】　$0° \leqq \theta \leqq 180°$ のとき，次の等式を満たす θ を求めよ。

(1)　$\sin\theta = \dfrac{1}{2}$　　　(2)　$\cos\theta = \dfrac{\sqrt{2}}{2}$　　　(3)　$\tan\theta = \sqrt{3}$

解答　　[☞ 前ページの図より]

(1)　$\theta = 30°,\ 150°$　　　(2)　$\theta = 45°$　　　(3)　$\theta = 60°$

[☞ 図に書いたり，頭に思い描いたりして出せるようにしておくこと。次の問題も同様]

【3】　$0° \leqq \theta \leqq 180°$ のとき，次の不等式を満たす θ を求めよ。

(1)　$\sin\theta > \dfrac{\sqrt{2}}{2}$　　　(2)　$\cos\theta \geqq 0$　　　(3)　$\tan\theta > \dfrac{\sqrt{3}}{3}$

(4)　$\sin\theta \leqq \dfrac{\sqrt{3}}{2}$　　　(5)　$\cos\theta < -\dfrac{1}{2}$　　　(6)　$\tan\theta \leqq 1$

解答　　[☞ 前ページの図より]

(1)　$45° < \theta < 135°$　　　(2)　$0° \leqq \theta \leqq 90°$　　　(3)　$30° < \theta < 90°$

(4)　$0° \leqq \theta \leqq 60°,\ 120° \leqq \theta \leqq 180°$　　　(5)　$120° < \theta \leqq 180°$

(6)　$0° \leqq \theta \leqq 45°,\ 90° < \theta \leqq 180°$　　　[☞ $90°$ は含まないことに注意]

2.3　相互関係の問題

【4】　$\sin\theta = \dfrac{2}{3}\ (0° \leqq \theta \leqq 180°)$ のとき，　$\cos\theta$，$\tan\theta$ の値を求めよ。

解答

$\cos^2\theta = 1 - \sin^2\theta = \dfrac{5}{9}$

$0° \leqq \theta \leqq 180°$ だから

$\cos\theta = \pm\dfrac{\sqrt{5}}{3}$

$\nearrow$

$\cos\theta = \dfrac{\sqrt{5}}{3}$ のとき　$\tan\theta = \dfrac{2\sqrt{5}}{5}$

$\cos\theta = -\dfrac{\sqrt{5}}{3}$ のとき　$\tan\theta = -\dfrac{2\sqrt{5}}{5}$

(☞)　[① 上の答は次のようにも書ける　$\longrightarrow$　$\cos\theta = \pm\dfrac{\sqrt{5}}{3}$，$\tan\theta = \pm\dfrac{2\sqrt{5}}{5}$（複号同順）
② $\cos\theta = 0.7453\cdots$ のとき，$41° < \theta < 42°$ である]

【5】　$\tan\theta = -2$ のとき，　$\sin\theta\cos\theta$ の値を求めよ。

解答

$\tan\theta = -2$ より　$\sin\theta = -2\cos\theta$
よって　$\sin\theta\cos\theta = (-2\cos)\cos\theta$
$\qquad = -2\cos^2\theta$
$\qquad = -2 \cdot \dfrac{1}{1 + \tan^2\theta}$
$\qquad = -\dfrac{2}{5}$

別解

$\sin\theta\cos\theta = \dfrac{\sin\theta}{\cos\theta} \cdot \cos^2\theta$
$\qquad = \tan\theta \cdot \dfrac{1}{1 + \tan^2\theta}$
$\qquad = (-2) \cdot \dfrac{1}{1 + (-2)^2}$
$\qquad = -\dfrac{2}{5}$

[☞ $\tan\theta = -2$ より　$116° < \theta < 117°$]

2.4 $90°\pm\theta$, $180°-\theta$ の三角比

下図により，$90°\pm\theta$, $180°-\theta$ の三角比を，$\sin\theta$, $\cos\theta$, $\tan\theta$ で表せる

(1) 右の図より，次のものを $\sin\theta$, $\cos\theta$, $\tan\theta$ で表せ

$$\begin{cases} \sin(90°-\theta) = \cos\theta \\ \cos(90°-\theta) = \\ \tan(90°-\theta) = \end{cases}$$

$$\begin{cases} \sin(90°+\theta) = \\ \cos(90°+\theta) = -\sin\theta \\ \tan(90°+\theta) = \end{cases}$$

$$\begin{cases} \sin(180°-\theta) = \\ \cos(180°-\theta) = \\ \tan(180°-\theta) = -\tan\theta \end{cases}$$

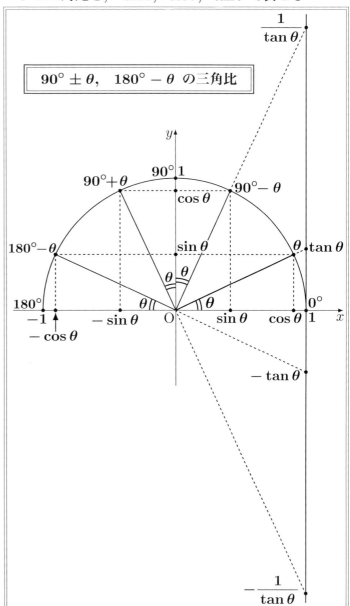

(2) 具体的に書くと

① $\sin 50° = \sin(90°-40°)$
$\qquad = \cos 40°$

② $\cos 55° = \cos(90°-35°)$
$\qquad = \sin 35°$

③ $\tan 70° = \tan(90°-20°)$
$\qquad = \dfrac{1}{\tan 20°}$

④ $\sin 110° = \sin(90°+20°)$
$\qquad = \cos 20°$

⑤ $\cos 130° = \cos(90°+40°)$
$\qquad = -\sin 40°$

⑥ $\tan 170° = \sin(180°-10°)$
$\qquad = -\tan 10°$

【6】 次の式の値を求めよ。
(1) $\cos(180°-\theta) + \cos(90°+\theta) + \sin(90°-\theta) + \sin(180°-\theta)$
(2) $\sin 125° \cos 35° + \sin 145° \cos 55°$

解答
(1) $\cos(180°-\theta) + \cos(90°+\theta) + \sin(90°-\theta) + \sin(180°-\theta)$
$= -\cos\theta - \sin\theta + \cos\theta + \sin\theta = 0$
(2) $\sin 125° \cos 35° + \sin 145° \cos 55°$
$= \sin(90°+35°)\cos 35° + \sin(180°-35°)\cos(90°-35°)$
$= \cos 35° \cos 35° + \sin 35° \sin 35° = \cos^2 35° + \sin^2 35° = 1$

2.5 2直線のなす角

直線 $y=mx$ が x 軸の正の向きとなす角 θ は

$$m = \tan\theta$$

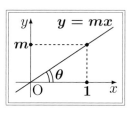

[☞ 直線 $y=mx+n$ が x 軸の正の向きとなす角についても同じ]

【7】 2直線 $y=x$, $y=-\sqrt{3}x$ のなす鋭角を求めよ。

解答

直線 $y=x$ が x 軸の正の向きとなす角を α とすると $\tan\alpha=1$
ここで $0°\leqq\alpha\leqq 180°$ だから $\alpha=45°$
また,直線 $y=-\sqrt{3}x$ が x 軸の正の向きとなす角を β とすると
$\tan\beta=-\sqrt{3}$ で $0°\leqq\beta\leqq 180°$ だから $\beta=120°$
このとき,2直線 $y=x$, $y=-\sqrt{3}x$ のなす鋭角を θ とすると
$$\theta=\beta-\alpha=120°-45°=75°$$

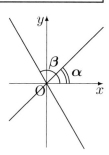

3 三角形への応用

3.1 正弦(sin)定理

(1) 三角形での **約束** (特に,正弦定理・余弦定理において)

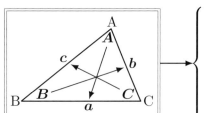

① 頂点 A,B,C の部分の角をそれぞれ
 A, B, C で表す [☞ イタリック体]
 よって **$A+B+C=180°$**

② 頂点 A,B,C の **向かいの辺**(対辺)の長さを
 それぞれ **a, b, c** で表す

(2) 正弦定理へ向けての準備 [☞「三角比」の表紙参照]

① **円周角の定理** ② 三角形の **外接円** [外接円(circumscribed circle)]

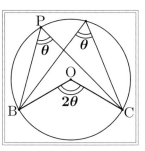

① 三角形の **外接円** の中心を
 外心 (circumcenter)という

② 外心は,各辺の垂直二等分線の交点である

[円周角 (angle of circumference)]

(3) 正弦定理 → 次ページ

(3) 下図のように，△ABC の外接円をかき，中心 O に関して点 B と対称な点 A′ をとると，△A′BC は直角三角形で，∠BA′C = ∠BAC = A だから，次のことがいえる

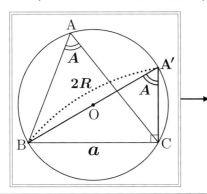

① △ABC の外接円の半径を R とすると
$$\sin A = \frac{a}{2R} \longrightarrow \frac{a}{\sin A} = 2R$$

② ① は，角 B, C についても成り立つから
$$\boxed{\frac{a}{\sin A} = \frac{b}{\sin B} = \frac{c}{\sin C} = 2R}$$
正弦定理 (sine formula)

(4) 正弦定理の使い方

① **2組の向い合う角辺**の関係 $\longrightarrow \dfrac{a}{\sin A} = \dfrac{b}{\sin B}$ より

　① $\boxed{a = \dfrac{b}{\sin B} \cdot \sin A}$ 　　② $\boxed{\sin A = \dfrac{\sin B}{b} \cdot a}$

[☞ 2組の向かい合う角と辺のうちの3つより，もう1つが求められる]

② **向かい合う角と辺と外接円の半径 R との関係** $\longrightarrow \dfrac{a}{\sin A} = 2R$ より

　① $\boxed{a = 2R \sin A}$ 　　② $\boxed{\sin A = \dfrac{a}{2R}}$

(5) 正弦定理は次のようにもかける $\longrightarrow$ $\boxed{a : b : c = \sin A : \sin B : \sin C}$

【8】 △ABC の外接円の半径を R とする。このとき，次の問に答えよ。
(1) $A = 45°$, $B = 15°$, $c = 9$ のとき，a を求めよ。
(2) $C = 30°$, $a = \sqrt{6}$, $c = \sqrt{2}$ のとき，A を求めよ。
(3) $a = \sqrt{2} R$ のとき，A を求めよ。

解答

(1) $C = 180° - (45° + 15°)$
$= 120°$
よって
$a = \dfrac{c}{\sin C} \cdot \sin A$
$= \dfrac{9}{\sin 120°} \cdot \sin 45°$
$= 9 \cdot \dfrac{2}{\sqrt{3}} \cdot \dfrac{\sqrt{2}}{2}$
$= 3\sqrt{6}$

(2) $\sin A = \dfrac{\sin C}{c} \cdot a$
$= \dfrac{\sin 30°}{\sqrt{2}} \cdot \sqrt{6}$
$= \dfrac{1}{\sqrt{2}} \cdot \dfrac{1}{2} \cdot \sqrt{6}$
$= \dfrac{\sqrt{3}}{2}$
$0° < A < 150°$ だから
$A = 60°$, $120°$

(3) $\sin A = \dfrac{a}{2R}$
$= \dfrac{\sqrt{2} R}{2R}$
$= \dfrac{\sqrt{2}}{2}$
$0° < A < 180°$ だから
$A = 45°$, $135°$

3.2 余弦(cos)定理

(1) 辺を求める方法

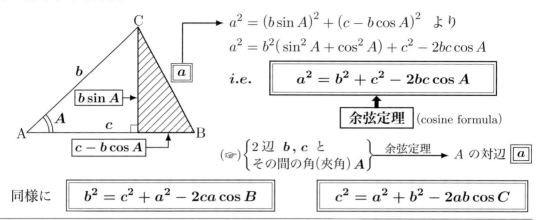

$a^2 = (b\sin A)^2 + (c - b\cos A)^2$ より
$a^2 = b^2(\sin^2 A + \cos^2 A) + c^2 - 2bc\cos A$

i.e. $\boxed{a^2 = b^2 + c^2 - 2bc\cos A}$ ← 余弦定理 (cosine formula)

(☞) $\begin{cases} 2辺\ b, c\ と \\ その間の角(夾角)\ A \end{cases}$ 余弦定理 → A の対辺 $\boxed{a}$

同様に $\boxed{b^2 = c^2 + a^2 - 2ca\cos B}$ $\boxed{c^2 = a^2 + b^2 - 2ab\cos C}$

(2) 角を求める方法

$a^2 = b^2 + c^2 - 2bc\cos A$ より $2bc\cos A = b^2 + c^2 - a^2$ だから

$$\boxed{\cos A = \frac{b^2 + c^2 - a^2}{2bc}}$$

(☞) 3辺 a, b, c → $\cos A$ → 角 A

同様に $\boxed{\cos B = \dfrac{c^2 + a^2 - b^2}{2ca}}$ $\boxed{\cos C = \dfrac{a^2 + b^2 - c^2}{2ab}}$

(☞) ① 3辺の長さ a, b, c より角を求めるとき，$\cos A$ から A が求められないときは，$\cos B$ さらに $\cos C$ を計算してみる (どれかで角が出せるようになっているはず)
② 公式 $a^2 = \cdots\cdots$ と $\cos A = \cdots\cdots$ は，文字の関係，角と辺の関係で覚える

【9】 △ABC において，次の問に答えよ。
(1) $A = 60°$, $b = 4$, $c = 7$ のとき a を求めよ。
(2) $a = 7$, $b = 8$, $c = 3$ のとき A を求めよ。

解答

(1) $a^2 = b^2 + c^2 - 2bc\cos A$
$= 4^2 + 7^2 - 2 \cdot 4 \cdot 7 \cos 60°$
$= 16 + 49 - 28$
$= 37$
$a > 0$ だから $a = \sqrt{37}$

(2) $\cos A = \dfrac{b^2 + c^2 - a^2}{2bc}$
$= \dfrac{8^2 + 3^2 - 7^2}{2 \cdot 8 \cdot 3}$
$= \dfrac{1}{2}$
$0° < A < 180°$ だから $A = 60°$

(☞) [(2) の問題のように，整数辺の三角形で角が $30°, 45°, 90°$ 関係の角で求められる場合は僅か
ちなみに，一般の場合の角度の求め方は次のようになる
例えば，$a = 6, b = 5, c = 4$ のとき $\cos A = 0.125$ より $A = \arccos 0.125 = 1.44546\cdots\cdots$
これは弧度法の角度だから，これに $\dfrac{180}{\pi}$ を掛けると $A = 82.81924\cdots\cdots°$ となる
ただ，弧度は数Ⅱで学ぶ。また，$\cos$ の逆関数 $\arccos$ は Excel 関数の ACOS で計算できる]

3.2.1 余弦定理の隣接向かいの使い方

【10】 △ABC において， $A = 60°$, $a = 3\sqrt{3}$, $c = 5$ のとき b を求めよ。

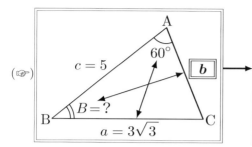

【隣接向かいの使い方】

2 辺 $a = 3\sqrt{3}$, $c = 5$ に対して，その間の角 B が分からないので，余弦定理 $b^2 =$ の式から，向かいの b を求めることはできない

そこで，隣の 2 辺 b, $c = 5$ とその間の角 $A = 60°$ から，向かいの $a = 3\sqrt{3}$ を求める式を作ると，**b についての 2 次方程式**ができて ⟶ b が求まる

解答 $a^2 = b^2 + c^2 - 2bc\cos A$ より
$(3\sqrt{3})^2 = b^2 + 5^2 - 2b \cdot 5 \cos 60°$
これより $27 = b^2 + 25 - 5b$
整理して $b^2 - 5b - 2 = 0$

これを解くと $b = \dfrac{5 \pm \sqrt{33}}{2}$

ここで $b > 0$ だから $b = \dfrac{5 + \sqrt{33}}{2}$

[☞ $5 = \sqrt{25} < \sqrt{33}$]

3.3 正弦・余弦定理の三角形への応用

【11】 △ABC において，次のものが与えられているとき，残りの辺と角を求めよ。
　(1) $A = 45°$, $C = 75°$, $b = \sqrt{6}$　　(2) $A = 30°$, $a = 3$, $c = 3\sqrt{3}$

解答 [☞ 既知の辺と角から，残りの辺と角を求める ⟶「三角形を解く」という]

(1) $B = 180° - (A + C) = 60°$

次に $a = \dfrac{b}{\sin B} \cdot \sin A$
$= \dfrac{\sqrt{6}}{\sin 60°} \cdot \sin 45°$
$= \sqrt{6} \cdot \dfrac{2}{\sqrt{3}} \cdot \dfrac{\sqrt{2}}{2}$
$= 2$

また $b^2 = c^2 + a^2 - 2ca \cos B$ より
$(\sqrt{6})^2 = c^2 + 2^2 - 4c \cos 60°$

[☞ 余弦定理の隣接向かいの使い方]

整理すると $c^2 - 2c - 2 = 0$
$\therefore c = 1 \pm \sqrt{3}$
ここで $c > 0$ だから $c = 1 + \sqrt{3}$
したがって
$B = 60°$, $a = 2$, $c = 1 + \sqrt{3}$

(☞) [$a^2 =$ を使うと $c^2 - 2\sqrt{3}c + 2 = 0$ より $c = \sqrt{3} \pm 1$ となり，ともに正である
この場合の判断には，次節で出てくる関係 $C > A \Longleftrightarrow c > a = 2$ を使えばよい]

(2) $\sin C = \dfrac{\sin A}{a} \cdot c = \dfrac{\sin 30°}{3} \cdot 3\sqrt{3}$
$= \dfrac{1}{3} \cdot \dfrac{1}{2} \cdot 3\sqrt{3} = \dfrac{\sqrt{3}}{2}$

ここで $0° < C < 150°$ だから
$C = 60°, 120°$

[I] $C = 60°$ のとき
$B = 180° - (A + C) = 90°$
よって $b^2 = c^2 + a^2 = 36$
$b > 0$ だから $b = 6$

[II] $C = 120°$ のとき
$B = 180° - (A + C) = 30°$
よって △ABC は $A = B$ の二等辺三角形だから $b = a = 3$

したがって
$B = 90°$, $C = 60°$, $b = 6$
または
$B = 30°$, $C = 120°$, $b = 3$

3.4 角と辺の関係

(1) △ABC において $\cos A = \dfrac{b^2 + c^2 - a^2}{2bc}$ で $bc > 0$ だから

$$\begin{cases} ① & A \text{ が鋭角} \iff \cos A > 0 \iff a^2 < b^2 + c^2 \\ ② & A \text{ が直角} \iff \cos A = 0 \iff a^2 = b^2 + c^2 \\ ③ & A \text{ が鈍角} \iff \cos A < 0 \iff a^2 > b^2 + c^2 \end{cases}$$ [☞ 三平方の定理]

(2) △ABC において $0° < A, B < 180°$ だから

$$\boxed{\boxed{A > B \iff \cos A < \cos B}} \quad \cdots\cdots ①$$

[☞ $\sin A$ と $\sin B$ ではこのことは言えない。何故？]

また $\cos A - \cos B = \dfrac{b^2 + c^2 - a^2}{2bc} - \dfrac{c^2 + a^2 - b^2}{2ca}$ を計算すると

[☞ この計算は各自でやってみよう。因数分解のいい練習になるので]

$$\boxed{\cos A - \cos B = \dfrac{1}{2abc}(b - a)(a + b + c)(a + b - c)}$$

ここで $abc > 0$, $a + b + c > 0$, $a + b - c > 0$ だから

$$\boxed{\boxed{\cos A < \cos B \iff a > b}} \quad \cdots\cdots ②$$

したがって，①，② より $\boxed{\boxed{a > b \iff A > B}}$

これより a が最大辺 $\iff$ A が最大角 もいえる

(3) a が最大辺で, $a^2 < b^2 + c^2$ [☞ A が鋭角] $\Longrightarrow$ △ABC は鋭角三角形

4 三角形の面積

(1) △ABC の面積を S とすると，右図より

2辺 b, c と その間の角 A $\Bigg\}$ $\longrightarrow$ $\boxed{\boxed{S = \dfrac{1}{2}bc \sin A}}$

同様に $\boxed{\boxed{S = \dfrac{1}{2}ca \sin B = \dfrac{1}{2}ab \sin C}}$

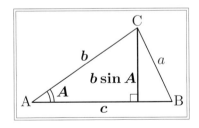

(2) △ABC の **内接円** の半径が r のとき

右の図より $S = \dfrac{1}{2}ar + \dfrac{1}{2}br + \dfrac{1}{2}cr$ だから

$$\boxed{\boxed{S = \dfrac{1}{2}r(a + b + c)}}$$

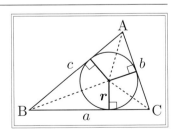

(3) （参考） **ヘロンの公式** → 次ページ

(3)　**ヘロンの公式** (Heron's formula) **の導き方の概要**　　[☞ 計算は自分でやってみよう]

△ABC において　$\sin A > 0$　だから

$\sin A = \sqrt{1 - \cos^2 A}$
$\quad\quad = \sqrt{(1 - \cos A)(1 + \cos A)}$

よって，三角形の面積 S は

$S = \dfrac{1}{2} bc \sin A$
$\quad = \dfrac{bc}{2} \sqrt{(1 - \cos A)(1 + \cos A)}$

ここで，　$\dfrac{a + b + c}{2} = s$　とおいて

$1 + \cos A,\ 1 - \cos A$　を計算すると　　↗

$1 - \cos A = 1 - \dfrac{b^2 + c^2 - a^2}{2bc} = \dfrac{a^2 - (b - c)^2}{2bc}$
$\quad\quad\quad = \dfrac{(a + b - c)(a - b + c)}{2bc}$
$\quad\quad\quad = \dfrac{2}{bc}(s - b)(s - c)$

同様に　$1 + \cos A = \dfrac{2}{bc} s(s - a)$　だから

$S = \dfrac{bc}{2} \sqrt{\dfrac{2}{bc}(s - b)(s - c) \cdot \dfrac{2}{bc} s(s - a)}$
$\quad = \sqrt{s(s - a)(s - b)(s - c)}$

したがって

$\dfrac{a + b + c}{2} = s$　とおくと

$$\boxed{S = \sqrt{s(s - a)(s - b)(s - c)}}$$

↑
ヘロンの公式

[ヘロン：アレクサンドリアで活動したギリシャの工学者，数学者　紀元 10 年頃？ ～ 70 年頃？]

【12】　△ABC において，　$a = 7$，　$b = 5$，　$c = 6$　のとき，次のものを求めよ。
　　(1)　外接円の半径 R　　　　(2)　面積 S　　　　(3)　内接円の半径 r

解答　[☞ 3辺 a, b, c ⟶ $\cos A$ ⟶ $\sin A$ ⟶ S]

(1)　$\cos A = \dfrac{5^2 + 6^2 - 7^2}{2 \cdot 5 \cdot 6} = \dfrac{1}{5}$　より

$\sin^2 A = 1 - \cos^2 A$
$\quad\quad = 1 - \left(\dfrac{1}{5}\right)^2 = \dfrac{24}{25}$

ここで　$0° < A < 180°$　より

$\sin A > 0$　だから　$\sin A = \dfrac{2\sqrt{6}}{5}$

よって　$R = \dfrac{a}{2 \sin A} = \dfrac{7}{2} \cdot \dfrac{5}{2\sqrt{6}}$
$\quad\quad\quad = \dfrac{35\sqrt{6}}{24}$

(2)　$S = \dfrac{1}{2} bc \sin A = \dfrac{1}{2} \cdot 5 \cdot 6 \cdot \dfrac{2\sqrt{6}}{5}$
$\quad\quad = 6\sqrt{6}$

(3)　$S = \dfrac{1}{2} r(a + b + c)$　より

$6\sqrt{6} = \dfrac{1}{2} r(7 + 5 + 6) = 9r$

よって　$r = \dfrac{2\sqrt{6}}{3}$

(☞) 　[
(2) の面積 S については，次のようにヘロンの公式を使うこともできる
$s = \dfrac{a + b + c}{2} = 9$ より　$S = \sqrt{s(s - a)(s - b)(s - c)} = \sqrt{9 \cdot 2 \cdot 4 \cdot 3} = 6\sqrt{6}$
しかし，辺の長さによっては計算が面倒になる
マスターすべきは　$\cos A = $ ⟶ $\sin A = $ ⟶ $S = \dfrac{1}{2} bc \sin A$　の方法である
]

【13】　△ABC において，　$A = 45°$，$B = 60°$，$b = \sqrt{6}$　のとき，△ABC の面積 S
　　を求めよ。

(☞)　と　**解答**　⟶ 次ページ

13

問【13】の(☞)と 解答

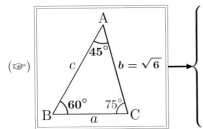

(☞)

面積を求めるには，2辺とその間の角が必要である
ところが，この問題の場合，a か c を求める必要がある
そこで，$B \leftrightarrow b, A \leftrightarrow a$ の関係より，正弦定理で a は求められる
　これより $S = \frac{1}{2}ab\sin C$ で求めるには，$\sin 75°$ の値を求める必要がある。数IIで加法定理を学べば求めることができるが今の段階では無理。ではどうするか？
具体的に言えば，c を求める方法は？

解答

$a = b\dfrac{b}{\sin B} \cdot \sin A = \dfrac{\sqrt{6}}{\sin 60°} \cdot \sin 45°$

$\quad = \sqrt{6} \cdot \dfrac{2}{\sqrt{3}} \cdot \dfrac{\sqrt{2}}{2}$

$\quad = 2$

また $a^2 = b^2 + c^2 - 2bc\cos A$ より

$2^2 = (\sqrt{6})^2 + c^2 - 2\sqrt{6}\,c\cos 45°$

[☞ 余弦定理の隣接向かいの使い方]

整理すると $c^2 - 2\sqrt{3}\,c + 2 = 0$

$\therefore c = \sqrt{3} \pm 1$

ここで $C > A$ だから $c > a = 2$
よって $c = 1 + \sqrt{3}$
したがって

$S = \dfrac{1}{2}bc\sin A$

$\quad = \dfrac{1}{2}\sqrt{6}(1+\sqrt{3})\sin 45°$

$\quad = \dfrac{3+\sqrt{3}}{2}$

[☞ これと同じ三角形が今までにも出てきましたが，どれでしょうか → 問【11】の(1)]

5　円に内接する四角形

【円に内接する四角形の対角の和】

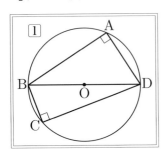 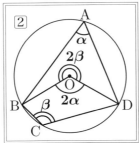

② より $2\alpha + 2\beta = 360°$ だから

$$\boxed{\alpha + \beta = 180°}$$

すなわち

円に内接する四角形の**対角の和は $180°$**

【14】　円に内接する四角形ABCDにおいて，AB $= 1$，BC $= 1$，CD $= 2\sqrt{2}$，$\angle BCD = 45°$ のとき，次のものを求めよ。

(1) BD　　　　　　(2) DA
(3) 外接円の半径 R　(4) 四角形ABCDの面積 S

解答 → 次ページ

問【14】の 解答

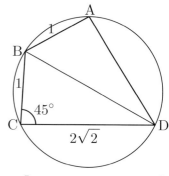

[図の中の長さや角度は、実際と違うが、辺と角の関係が分かればよい]

(1) △BCD において
$$BD^2 = 1^2 + (2\sqrt{2})^2 - 2\cdot 1\cdot 2\sqrt{2}\cos 45°$$
$$= 9 - 4\sqrt{2}\cdot\frac{\sqrt{2}}{2} = 5$$
BD > 0 だから　　BD $= \sqrt{5}$

(2) 四角形 ABCD は円に内接しているから　A = 135°
このとき，DA $= x$ とおくと，余弦定理より
$$(\sqrt{5})^2 = 1^2 + x^2 - 2\cdot 1\cdot x\cdot \cos 135°\quad[\text{☞ 隣接向かいの使い方}]$$
整理すると　$x^2 + \sqrt{2}x - 4 = 0$
よって　$x = \dfrac{-\sqrt{2}\pm 3\sqrt{2}}{2} = \sqrt{2},\ -2\sqrt{2}$
ここで　$x > 0$ だから　DA $= \sqrt{2}$

(3) 四角形 ABCD の外接円は
　　△ABD の外接円でもあるから
$$R = \frac{\sqrt{5}}{2\sin 135°} = \frac{1}{2}\cdot\sqrt{5}\cdot\frac{2}{\sqrt{2}}$$
$$= \frac{\sqrt{10}}{2}$$

(4) $S = \triangle ABD + \triangle BCD$
$$= \frac{1}{2}\cdot 1\cdot\sqrt{2}\sin 135° + \frac{1}{2}\cdot 1\cdot 2\sqrt{2}\sin 45°$$
$$= \frac{1}{2} + 1 = \frac{3}{2}$$

【15】　円に内接する四角形 ABCD において，
　　　　　　AB = 1,　BC = 2,　CD = 3,　DA = 4
のとき，次のものを求めよ。
　　　(1)　BD　　　(2)　外接円の半径 R　　　(3)　四角形 ABCD の面積 S

解答

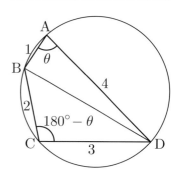

(1) ∠BAD $= \theta$ とおくと，四角形 ABCD は円に内接して
　いるから　∠BCD $= 180° - \theta$
　このとき，△ABD において
$$BD^2 = 1^2 + 4^2 - 2\cdot 1\cdot 4\cos\theta$$
$$= 17 - 8\cos\theta\ \cdots\cdots\ ①$$
　また，△BCD において
$$BD^2 = 2^2 + 3^2 - 2\cdot 2\cdot 3\cos(180°-\theta)$$
$$= 13 + 12\cos\theta\ \cdots\cdots\ ②$$
①，② より　$17 - 8\cos\theta = 13 + 12\cos\theta$　　∴ $\cos\theta = \dfrac{1}{5}$
このとき，① より　$BD^2 = 17 - 8\cos\theta = 17 - 8\cdot\dfrac{1}{5} = \dfrac{77}{5}$
したがって　BD $= \dfrac{\sqrt{385}}{5}$　　[☞ $385 = 5\cdot 7\cdot 11$]

(2), (3) → 次ページ

問【15】の 解答

(2) $\sin^2\theta = 1 - \cos^2\theta$
$= 1 - \left(\dfrac{1}{5}\right)^2 = \dfrac{24}{25}$
$0° < \theta < 180°$ だから $\sin\theta > 0$
よって $\sin\theta = \dfrac{2\sqrt{6}}{5}$
このとき，△ABD において
$R = \dfrac{BD}{2\sin\theta} = \dfrac{\sqrt{385}}{5} \cdot \dfrac{5}{4\sqrt{6}}$
$= \dfrac{\sqrt{2310}}{24}$ [☞ $2310 = 2\cdot 3\cdot 5\cdot 7\cdot 11$]

(3) $S = △ABD + △BCD$
$= \dfrac{1}{2}\cdot 1\cdot 4\cdot \sin\theta$
$\quad + \dfrac{1}{2}\cdot 2\cdot 3\cdot \sin(180° - \theta)$
$= 2\sin\theta + 3\sin\theta$
$= 5\sin\theta$
$= 2\sqrt{6}$

6　三角錐(四面体)の体積

(1) ……錐 の体積 = $\boxed{\dfrac{1}{3}}$ × (底面積) × (高さ)　　[☞ 三角錐の体積 = $\dfrac{1}{3}$ × 三角柱の体積]

(2) PA = PB = PC である**三角錐**(triangular pyramid) PABC において
頂点 P から底面の △ABC に下ろした垂線の足を H とすると
HA = HB = HC となり，点 H は △ABC の 外心 (外接円の中心)である
すなわち，HA は外接円の半径 である ⟶ 正弦定理が使える

【16】 PA = PB = PC = 5, AB = 7, BC = 8, CA = 5 である三角錐 PABC の
体積を求めよ。

解答
△ABC において
$\cos A = \dfrac{7^2 + 5^2 - 8^2}{2\cdot 7\cdot 5} = \dfrac{49 + 25 - 64}{70} = \dfrac{1}{7}$
これより $\sin^2 A = 1 - \cos^2 A = 1 - \left(\dfrac{1}{7}\right)^2 = \dfrac{48}{49}$
このとき $\sin A > 0$ だから $\sin A = \dfrac{4\sqrt{3}}{7}$
よって，△ABC の面積を S とすると
$S = \dfrac{1}{2}\cdot 7\cdot 5\cdot \sin A = \dfrac{35}{2}\cdot \dfrac{4\sqrt{3}}{7} = 10\sqrt{3}$
また，△ABC の外接円の中心を O とすると
PA = PB = PC だから，頂点 P から △ABC に下ろした垂線の
足は点 O と一致し，OA = R は △ABC の外接円の半径である。
よって $2R = \dfrac{8}{\sin\theta}$　これより $R = \dfrac{1}{2}\cdot 8\cdot \dfrac{7}{4\sqrt{3}} = \dfrac{7\sqrt{3}}{3}$
このとき，三角錐の断面 △POA は右の図のようになる。

三角錐 PABC を P の上方から見た図

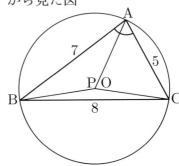

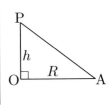

解答 の 続き → 次ページ

問【16】の 解答 の続き

よって，三角錐の高さを h とすると
$$h^2 = OP^2 = PA^2 - OA^2$$
$$= 5^2 - \left(\frac{7\sqrt{3}}{3}\right)^2 = 25 - \frac{49}{3}$$
$$= \frac{26}{3}$$

ここで，$h > 0$ だから $h = \sqrt{\frac{26}{3}} = \frac{\sqrt{78}}{3}$
よって，三角錐 PABC の体積を V とすると
$$V = \frac{1}{3}Sh = \frac{1}{3} \cdot 10\sqrt{3} \cdot \frac{\sqrt{78}}{3}$$
$$= \frac{10\sqrt{26}}{3}$$

7 問題

【17】 △ABC において，
$A = 60°$, $C = 75°$, $b = 2\sqrt{3}$ である。
このとき，次のものを求めよ。
(1) a (2) c (3) $\sin 75°$ と $\cos 75°$

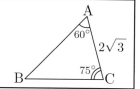

解答

(1) $B = 180° - (A + C) = 45°$
よって，正弦定理より
$$a = 2\sqrt{3} \cdot \frac{\sin 60°}{\sin 45°} = 2\sqrt{3} \cdot \frac{\sqrt{3}}{2} \cdot \frac{2}{\sqrt{2}}$$
$$= 3\sqrt{2}$$

(2) 余弦定理より [☞ 隣接向かいの使い方]
$$18 = 12 + c^2 - 2 \cdot 2\sqrt{3} c \cdot \cos 60°$$
整理して $c^2 - 2\sqrt{3} c - 6 = 0$
これを解くと $c = \sqrt{3} \pm 3$
ここで $c > 0$ だから $c = 3 + \sqrt{3}$

(3) 正弦定理より
$$\sin 75° = \frac{3 + \sqrt{3}}{3\sqrt{2}} \sin 60°$$
$$= \frac{3 + \sqrt{3}}{3\sqrt{2}} \cdot \frac{\sqrt{3}}{2} = \frac{\sqrt{3} + 1}{2\sqrt{2}}$$
$$= \frac{\sqrt{6} + \sqrt{2}}{4}$$

また，余弦定理より
$$\cos 75° = \frac{(3\sqrt{2})^2 + (2\sqrt{3})^2 - (3 + \sqrt{3})^2}{2 \cdot 3\sqrt{2} \cdot 2\sqrt{3}}$$
$$= \frac{18 - 6\sqrt{3}}{12\sqrt{6}}$$
$$= \frac{\sqrt{6} - \sqrt{2}}{4}$$

(☞) ① (3)で，$\cos^2 75° = 1 - \sin^2 75°$ を使うと，二重根号を外す必要がある
しかし，難しくはないのでやってみよう
② 数学Ⅱで加法定理を学ぶと，次のようにして求められる
$\sin 75° = \sin(30° + 45°) = \sin 30° \cos 45° + \cos 30° \sin 45° =$
$\cos 75° = \cos(30° + 45°) = \cos 30° \cos 45° - \sin 30° \sin 45° =$

【18】 右図のように，△ABC において，AB = AC = 2,
$\angle BAC = 36°$ である。また，$\angle ABC$ の二等分線と辺 CA との
交点を P とするとき，次の問に答えよ。
(1) BC を求めよ。
(2) $\cos 36°$ を求めよ。

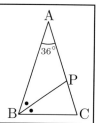

解答 → 次ページ

17

問【18】の 解答

(1) AB = AC だから ∠ABC = ∠ACB = 72° より ∠ABP = 36°
よって BP = AP また，∠BPC = 72° だから BC = BP
よって BC = x とおくと BP = PA = x
このとき CP = $2 - x$ である。
ここで，△ABC ∽ △BCP だから $2 : x = x : (2-x)$
整理すると $x^2 + 2x - 4 = 0$ ∴ $x = -1 \pm \sqrt{5}$
ここで $x > 0$ だから $x = -1 + \sqrt{5}$
すなわち BC $= -1 + \sqrt{5}$

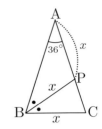

(2) △ABC において，余弦定理より
$$\cos 36° = \frac{2^2 + 2^2 - x^2}{2 \cdot 2 \cdot 2} = \frac{8 - (6 - 2\sqrt{5})}{8} = \frac{1 + \sqrt{5}}{4}$$

[☞ 実際に計算すると $\frac{1+\sqrt{5}}{4} \fallingdotseq 0.8090\cdots\cdots$, $\cos 36° \fallingdotseq 0.8090\cdots\cdots$]

【19】 右の図のような四角形 ABCD がある。
この四角形の2本の対角線の交点を E とし，
∠AEB = θ, AC = p, BD = q とする。
この四角形の面積 S は
$$S = \frac{1}{2} pq \sin \theta$$
であることを証明せよ。

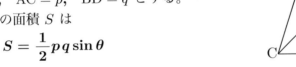

証明

AE = a, BE = b とおくと △ABE = $\frac{1}{2} ab \sin \theta$
また
△BCE = $\frac{1}{2} b(p-a) \sin(180° - \theta) = \frac{1}{2}(bp - ab) \sin \theta$
△CDE = $\frac{1}{2}(p-a)(q-b) \sin \theta$
     = $\frac{1}{2}(pq - aq - bp + ab) \sin \theta$
△DAE = $\frac{1}{2}(q-b)a \sin(180° - \theta) = \frac{1}{2}(aq - ab) \sin \theta$

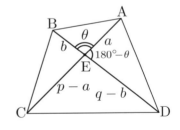

これより
$S = △ABE + △BEC + △CED + △DEA$
$= \frac{1}{2} ab \sin\theta + \frac{1}{2}(bp-ab)\sin\theta + \frac{1}{2}(pq-aq-bp+ab)\sin\theta + \frac{1}{2}(aq-ab)\sin\theta$
$= \frac{1}{2}\{ab + (bp-ab) + (pq-aq-bp+ab) + (aq-ab)\}\sin\theta$
$= \frac{1}{2} pq \sin\theta$

(☞) [*i.e.* 四角形の面積は，2辺の長さが p, q でその間の角が θ の三角形の面積に等しい
または，辺 BD を平行移動して辺 AD′ となったときの △ACD′ の面積に等しい]

数A

① 順列・組合せ

$(a+b)^2 = a^2 + 2ab + b^2$

$(a+b)^3 = a^3 + 3a^2b + 3ab^2 + b^3$

$(a+b)^4 = a^4 + 4a^3b + 6a^2b^2 + 4ab^3 + b^4$

$(a+b)^5 = ?$

$$
{}_5\mathrm{C}_3 \begin{cases} \begin{array}{ccccccc} (a+b) & (a+b) & (a+b) & (a+b) & (a+b) \\ \Downarrow & \Downarrow & \Downarrow & \Downarrow & \Downarrow \\ a & a & \boldsymbol{b} & \boldsymbol{b} & \boldsymbol{b} & \rightarrow & a^2\boldsymbol{b^3} \\ a & \boldsymbol{b} & a & \boldsymbol{b} & \boldsymbol{b} & \rightarrow & a^2\boldsymbol{b^3} \\ \vdots & \vdots & \vdots & \vdots & \vdots & & \vdots \\ \boldsymbol{b} & \boldsymbol{b} & \boldsymbol{b} & a & a & \rightarrow & a^2\boldsymbol{b^3} \end{array} \end{cases} \hspace{-1em}\Biggr\} \rightarrow {}_5\mathrm{C}_3\, a^2 \boldsymbol{b^3}
$$

よって $(a+b)^5 = {}_5\mathrm{C}_0\, a^5 + {}_5\mathrm{C}_1\, a^4 b + {}_5\mathrm{C}_2\, a^3 b^2 + {}_5\mathrm{C}_3\, a^2 b^3 + {}_5\mathrm{C}_4\, a b^4 + {}_5\mathrm{C}_5\, b^5$

一般に

$$(a+b)^n = {}_n\mathrm{C}_0\, a^n + {}_n\mathrm{C}_1\, a^{n-1}b + \cdots\cdots + {}_n\mathrm{C}_r\, a^{n-r}b^r + \cdots\cdots + {}_n\mathrm{C}_n\, b^n$$

目 次

1 場合の数   **3**

2 順列   **4**
   2.1 円順列 6
   2.2 重複順列 6

3 組合せ   **7**
   3.1 班分け(グループ分け) 8
      3.1.1 区別ありの班分け 8
      3.1.2 区別なしの班分け 9
   3.2 同じものを含む順列 10
      3.2.1 最短経路 12

4 様々な問題   **12**

5 付録（4人でじゃんけん）   **15**

1 場合の数

(1) 和の法則

[I] の場合が　m　通り

[II] の場合が　n　通り　　のとき

[I]，[II]が **同時に起こらない** なら，場合の数は　$\boxed{\boldsymbol{m+n}}$　通りである

(☞) 場合分けしたときに使う　　[場合の数(number of cases)]

(2) 積の法則

A の起こり方が m 通り，**そのおのおのに対して** B の起こり方が n 通りのとき

A，B が **ともに起こる** 場合の数は　$\boxed{\boldsymbol{mn}}$　通りである

(☞)
$$\left[\begin{array}{l}\text{場合の数を求めるときに肝心なことは，数え漏れがないこと・重複する部分がない}\\\text{ことである。その点を慎重に確認することが重要である}\\\text{その際，上の (1)『足す』か，(2)『掛ける』かの判断を正確にすること}\end{array}\right]$$

【1】　大小 2 個のサイコロを投げるとき，目の和が 4 の倍数になる場合は何通りあるか。

解答

　大の目が x，小の目が y のとき，(x, y) と表すとすると，目の和が 4 の倍数になるには次の 3 つの場合がある。

　[I]　目の和が 4 になる場合　$(1, 3), (2, 2), (3, 1)$ の 3 通り

　[II]　目の和が 8 になる場合　$(2, 6), (3, 5), (4, 4), (5, 3), (6, 2)$ の 5 通り

　[III]　目の和が 12 になる場合は　$(6, 6)$ の 1 通り

ここで，[I], [II], [III] は同時に起こらないから

求める場合の数は　$3+5+1=9$ 通り

【2】　次の問に答えよ。
　(1)　360 の正の約数の個数を求めよ。　　(2)　360 の正の約数の総和を求めよ。

解答

(1)　360 を素因数分解すると　$360 = 2^3 \cdot 3^2 \cdot 5$

　よって，360 の正の約数は　$2^p \cdot 3^q \cdot 5^r$ （$p = 0, 1, 2, 3,\ q = 0, 1, 2,\ r = 0, 1$）

　の形をしている。このとき，p は 4 通り，q は 3 通り，r は 2 通りある。

　したがって，正の約数の個数は　$4 \cdot 3 \cdot 2 = 24$ 個

---

(2)　求めるのは　$2^p \cdot 3^q \cdot 5^r$ （$p = 0, 1, 2, 3,\ q = 0, 1, 2,\ r = 0, 1$） の形の数の総和だから　$(1 + 2^1 + 2^2 + 2^3)(1 + 3^1 + 3^2)(1 + 5^1) = 15 \cdot 13 \cdot 6 = 1170$

(☞)
$$\left[\begin{array}{l}\text{例えば，}ax + ay + az + bx + by + bz = a(x + y + z) + b(x + y + z)\\\qquad\qquad\qquad\qquad\qquad\qquad\qquad = (a + b)(x + y + z)\end{array}\right]$$

2 順列

(1) 異なる n 個 $\xrightarrow{r\text{個を並べる}}$ $\boxed{n \text{ 個のものから } r \text{ 個とった順列}}$ (permutation)

これは，次のようにもいえる

r 個とった順列 $\longrightarrow$ n 個のものから r 個を選んで並べた列 ①―②―③―……―ⓡ

(2) 異なる n 個のものから r 個とった **順列の総数** を $_n\mathrm{P}_r$ とかく

この $_n\mathrm{P}_r$ は次のように求められる

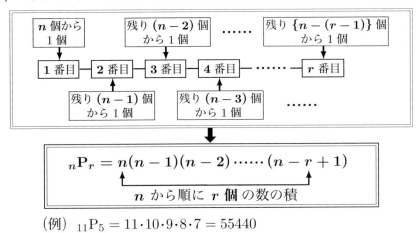

(例) $_{11}\mathrm{P}_5 = 11\cdot 10\cdot 9\cdot 8\cdot 7 = 55440$

(3) 異なる n 個のものすべてを並べた順列の総数は $_n\mathrm{P}_n = n(n-1)(n-2)\cdots\cdots 3\cdot 2\cdot 1$

これを $n!$ とかき，n の $\boxed{\text{階乗}}$ (factorial) という

すなわち $\boxed{n! = n(n-1)(n-2)\cdots\cdots 3\cdot 2\cdot 1}$

(4) また $_n\mathrm{P}_r = n(n-1)\cdots\cdots(n-r+1)$

$= \dfrac{n(n-1)\cdots\cdots(n-r+1)\{(n-r)\cdots\cdots 2\cdot 1\}}{(n-r)\cdots\cdots 2\cdot 1} = \dfrac{n!}{(n-r)!}$

よって $\boxed{_n\mathrm{P}_r = \dfrac{n!}{(n-r)!}}$ ［ただし $_n\mathrm{P}_0 = 1$, $0! = 1$ と定める］

【3】 男子 4 人，女子 2 人が 1 列に並ぶとき，次のような並び方は何通りあるか。
  (1) 全員を 1 列に並べる。 (2) 女子 2 人が両端にくる。
  (3) 女子 2 人が隣り合う。 (4) 女子 2 人が隣り合わない。

|解答| ［☞ (3), (4) → 次ページ］

(1) 6 人の並べ方の総数は $6! = 6\cdot 5\cdot 4\cdot 3\cdot 2 = 720$ 通り

(2) 両端の女子 2 人の並び方は $2!$ 通り
 それに対して，女子 2 人の間の男子 4 人の並び方は $4!$ 通り
 よって，求める並べ方の総数は $2! \times 4! = 2\cdot 4\cdot 3\cdot 2 = 48$ 通り

問【3】の 解答

(3) 女子2人を1人とみなして5人の並べ方は 5! 通り
それに対して，女子2人の並べ方は 2! 通り
よって，求める総数は 5!×2! = 120×2 = 240 通り

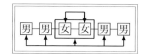

(4) 男子4人の並び方は 4! 通り
それに対して女子2人は，右図のように，男子の両端の外側と男子と男子の間の5カ所に女子2人を並べればよいから，求める総数は 4!×$_5P_2$ = 24×20 = 480 通り

(☞) [図の①〜⑤の位置に，女子2人を並べる場合の数の求め方についての「追加説明」
このことを別の言い方をすると，
①〜⑤から2つを，女子2人の前に並べて，その位置に女子を入れればよいということだから，その場合の総数は $_5P_2$ 通り]

(4)の 別解 [☞ 隣り合わない = 全体 − 隣り合う]

6人が並んだときは，女子2人が隣り合うか隣り合わないかのどちらかだから
女子2人が隣り合わない場合の数は，(1) と (3) より 720 − 240 = 480 通り

【4】 5個の数字 0, 1, 2, 3, 4 から異なる数字を使ってできる次のような整数の個数を求めよ。
(1) 4桁の整数　　(2) 4桁の奇数　　(3) 4桁の偶数

解答 [☞ 4桁の整数だから，千の位は0以外の数であることに注意！]

(1) 千の位は0以外の数 1, 2, 3, 4 から1個だから 4 通り
百，十，一の位は，残りの4個の数から3個を並べればよいから $_4P_3$ = 24 通り
よって，求める総数は 4×24 = 96 個

(2) 奇数の場合は，1の位が奇数の1, 3 から1個だから 2 通り
次に，千の位はさらに0を除いた3個の数から1個だから 3 通り
また，百と十の位は残り3個の数字から2個並べればよいから $_3P_2$ = 6 通り
よって，求める総数は 2×3×6 = 36 個

(3) 一の位は 0, 2, 4 から1個，千の位は0以外の数だから，次の2つの場合がある。
[I] 一の位が0の場合は
千，百，十の位は，残り4個から3個を並べればよいから $_4P_3$ = 24 通り
[II] 一の位が2か4の場合は 一の位が 2 通り
千の位は0以外の残り3個から1個だから 3 通り
また，百と十の位は残り3個から2個を並べればよいから $_3P_2$ = 6 通り
よって，この場合の総数は 2×3×6 = 36 通り
したがって，[I], [II] より，求める総数は 24 + 36 = 60 個

(3)の 別解　4桁の整数は4桁の奇数と4桁の偶数よりなるから，(1), (2) より
4桁の偶数の総数は 96 − 36 = 60 個
[☞ (3)だけが問題になることもあるので，(3)の解法もマスターしておくこと]

2.1 円順列

(1) いくつかのものを**円形に並べたもの** → **円順列** (circular permutation)
ただし，右の円順列で回転しただけのときは，同じ円順列とみなす

（☞）[人が手をつないで輪を作った場合，ある人の右手と左手が誰と手をつないでいるかだけが問題で，東西南北どちらの方向にいるかは問題にしない]

(2) 異なる n 個のものが作る**円順列の総数**

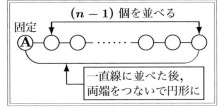

これを求めるには，同じ円順列にならないように
注意して，右図のように考える
　まず，どれか1個を固定して
残りの $(n-1)$ 個を1列に並べた後
右端と左端をつなげて円形にすると，違う円順列ができる
よって，異なる n 個のものが作る**円順列の総数**は $\boxed{(n-1)!}$

【5】 両親と子供4人が円形のテーブルに着席するとき，次の問に答えよ。
(1) 並び方は全体で何通りか。　　(2) 両親が隣り合う場合は何通りか。
(3) 両親が向かい合う場合は何通りか。
(4) 母が末っ子の世話のためにその子の右隣に座る場合は何通りか。

解答
(1) 合計6人だから，並び方は全体で $(6-1)! = 120$ 通り

(2) 両親を1人と考え，5人の並び方は $4!$ 通り
　それに対して，両親2人の並び方は $2!$ 通り
　よって，求める総数は $4! \times 2! = 24 \times 2 = 48$ 通り

(3) 先頭に父を，4番目に母を固定して，残りの部分に子供4人を並べて円形にすれば
　よいから，その総数は $4! = 24$ 通り

(4) 母と母の左の末っ子を固定し，残り4人を並べて円形にすればよいから，
　その総数は $4! = 4 \cdot 3 \cdot 2 = 24$ 通り

2.2 重複順列

(1) 異なる n 個のものから
重複を許して（同じものを何回使ってもよい） → **重複順列** (repeated permutation)
r 個を並べた順列

(2) n 個のものから r 個とった重複順列は，右図のように
　1番目から r 番目まで，n 通りずつある
　よって，重複順列の総数は $\boxed{n^r}$

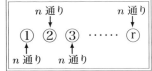

【6】 0, 1, 2, 3, 4 の5個の数字の重複使用を許して次の数は何個できるか。

(1)　4桁の整数　　　　　　　　　(2)　4桁の偶数

解答

(1)　千の位は0以外の数字だから 4通り　それに対して後の3つの位は 5^3 通り

よって，総数は　$4 \times 5^3 = 500$ 個

(2)　千の位は0以外の数字だから 4通り　一の位は 0, 2, 4 の 3通り

それに対して，百と十の位は 5^2 通り

よって，総数は　$4 \times 3 \times 5^2 = 300$ 個

3　組合せ

(1)　異なる n 個 $\xrightarrow{\ r\ 個を選ぶ\ }$ 　n 個のものから r 個とった組合せ　(combination)

この組合せの総数を　$_n\mathrm{C}_r$ とかく

(☞) 順列と組合せ $\begin{cases} r \text{ 個とった順列} \longrightarrow r \text{ 個を } \boxed{\text{並べた}} \text{ 列} \\ r \text{ 個とった組合せ} \longrightarrow r \text{ 個を } \boxed{\text{選んだ}} \text{ 組（グループ）} \end{cases}$

(2)　そこで，組合せと順列の関係をみると，次のようになっている

異なる n 個 $\xrightarrow[\ _n\mathrm{C}_r\ 通り\ ]{\ r\ 個を\textbf{選ぶ}\ }$ 　r 個の**組合せ**　$\xrightarrow[\ r!\ 通り\ ]{\ r\ 個を\textbf{並べる}\ }$ 　r 個の**順列**

この関係を式でかくと　$\boxed{\ _n\mathrm{C}_r \times r! = {_n\mathrm{P}_r}\ }$

(3)　(2) より　$_n\mathrm{C}_r = \dfrac{_n\mathrm{P}_r}{r!}$ だから，計算方法を具体的に図示すると

$$_n\mathrm{C}_r = \frac{_n\mathrm{P}_r}{r!} = \frac{\overbrace{n(n-1)(n-2)\cdots\cdots\{n-(r-1)\}}^{n\,\text{から順に}\,r\,\text{個の数の積}}}{\underbrace{r(r-1)(r-2)\cdots\cdots 3\cdot 2\cdot 1}_{r\,\text{から順に}\,1\,\text{までの積}}}$$

(例)　$_9\mathrm{C}_4 = \dfrac{9\cdot 8\cdot 7\cdot 6}{4\cdot 3\cdot 2\cdot 1}$ ⟵ ☞ 9から下に合わせて4個の数の積　　$\left[\begin{array}{l}\text{☞ 分母を先にかき，}\\ \text{分子を同じ個数かく}\end{array}\right]$
☞ 4から順に1までの4個の数の積

(4)　(3) より

$\begin{aligned} _n\mathrm{C}_{n-r} &= \frac{_n\mathrm{P}_{n-r}}{(n-r)!} \\ &= \frac{n!}{\{n-(n-r)\}!} \times \frac{1}{(n-r)!} \\ &= \frac{n!}{r!(n-r)!} = {_n\mathrm{C}_r} \quad \nearrow \end{aligned}$

したがって

$$\boxed{\ _n\mathrm{C}_r = {_n\mathrm{C}_{n-r}}\ }$$

i.e. 　$\boxed{\ r \text{ 個の組合せの総数}\ } = \boxed{\ (n-r) \text{ 個の組合せの総数}\ }$

7

(☞) (4) を実際の計算でみると

$$_{12}\mathrm{C}_9 = \frac{12\cdot11\cdot10\cdot9\cdot8\cdot7\cdot6\cdot5\cdot4}{9\cdot8\cdot7\cdot6\cdot5\cdot4\cdot3\cdot2\cdot1} = \frac{12\cdot11\cdot10}{3\cdot2\cdot1} \qquad \text{また} \quad _{12}\mathrm{C}_3 = \frac{12\cdot11\cdot10}{3\cdot2\cdot1}$$

よって　$_{12}\mathrm{C}_9$　の計算では　$_{12}\mathrm{C}_9 = {}_{12}\mathrm{C}_3 = \dfrac{12\cdot11\cdot10}{3\cdot2\cdot1} = 220$　とすればよい

> **【7】**　男子 6 人，女子 4 人の中から 4 人を選ぶとき，次の場合の数を求めよ。
> (1)　10 人から 4 人を選ぶ。　　　　(2)　男子 2 人，女子 2 人を選ぶ。
> (3)　特定の男子 A を含む男子 2 人と女子 2 人を選ぶ。

解答

(1)　求める総数は　$_{10}\mathrm{C}_4 = \dfrac{10\cdot9\cdot8\cdot7}{4\cdot3\cdot2\cdot1} = 210$　通り

---

(2)　男子 6 人から 2 人選び，それに対して，女子 4 人から 2 人選べばよいから

　　求める総数は　$_6\mathrm{C}_2 \times {}_4\mathrm{C}_2 = \dfrac{6\cdot5}{2\cdot1} \times \dfrac{4\cdot3}{2\cdot1} = 90$　通り

---

(3)　男子は A を除く 5 人から 1 人を選べばよいから

　　求める総数は　$_5\mathrm{C}_1 \times {}_4\mathrm{C}_2 = 5 \times \dfrac{4\cdot3}{2\cdot1} = 30$　通り

3.1　班分け（グループ分け）

　次のような　班（グループ）分け　の問題について考える

- ［Ⅰ］　9 人を，　A 室に 2 人，B 室に 3 人，C 室に 4 人ずつ割り当てる
- ［Ⅱ］　9 人を，　A 室に 3 人，B 室に 3 人，C 室に 3 人ずつ割り当てる
- ［Ⅲ］　9 人を，　2 人，3 人，4 人ずつの 3 つのグループに分ける
- ［Ⅳ］　9 人を，　3 人ずつの 3 つのグループに分ける

それぞれ，何通りの方法があるだろうか

この問題を，次の 2 つの場合に分けて考える　⟶　$\begin{cases} \textbf{区別あり}\text{の班分け} \\ \textbf{区別なし}\text{の班分け} \end{cases}$

3.1.1　区別ありの班分け

(1)　**区別あり** の班（グループ）分けには，次のような場合がある

$\begin{cases} (\text{人数が同じでも})\textbf{違う部屋}\text{に入れる (or 班名の違う班に分ける)} \longrightarrow ［Ⅰ］，［Ⅱ］ \\ \textbf{人数の違う}\text{グループに分ける（人数の違いで区別がつく）} \longrightarrow ［Ⅲ］ \end{cases}$

(2)　→ 次ページ

(2) ［Ⅱ］ 9人を A，B，C の 3 室に 3 人ずつ入れる方法を図示すると

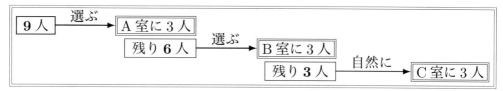

よって，総数は $_9C_3 \times {}_6C_3 = 84 \times 20 = 1680$ 通り

また，［Ⅰ］も $_9C_2 \times {}_7C_3$ によって求められる ——→ これで ［Ⅰ］，［Ⅱ］は解決

──────────────────────────────

別解　［☞ 次節「同じものを含む順列」の考え方を使って，次のようにも考えられる］

右図のように，9 人 ①〜⑨ の前に，Ⓐ 3 個，
Ⓑ 3 個，Ⓒ 3 個を並べ，その部屋に入れればよい

1	2	3	4	5	6	7	8	9
Ⓑ	Ⓑ	Ⓐ	Ⓐ	Ⓒ	Ⓐ	Ⓒ	Ⓑ	Ⓒ

i.e. 部屋に入れる方法は，Ⓐ 3 個，Ⓑ 3 個，Ⓒ 3 個の並べ方の総数に等しいから

その総数は $\dfrac{9!}{3!\,3!\,3!} = \dfrac{9\cdot 8\cdot 7\cdot 6\cdot 5\cdot 4\cdot 3\cdot 2}{3\cdot 2\cdot 3\cdot 2\cdot 3\cdot 2} = 1680$ 通り

──────────────────────────────

(3) ［Ⅲ］ 9 人を，2 人の班，3 人の班，4 人の班に分ける方法は何通りあるか

この場合は，班名こそついていないが人数の違いにより，「2 人の班」，「3 人の班」，
「4 人の班」と班の違いが分かり，班名がついているのと同じ状態である

すなわち，人数の違いにより分け方は (2) と同様である ［☞ 「区別あり」と同じ状況］

よって総数は　$_9C_2 \times {}_7C_3 = 36 \times 35 = 1260$ 通り

したがって，(2), (3) より

区別あり の班分け ——→ 順に残りから選んでいけばよい

3.1.2 区別なしの班分け

(1) ［Ⅳ］ 9 人を，3 人ずつの 3 つの班に分ける方法を図示すると

　　　　　　　　　　［☞ A，B，C の並べ方は 3! 通りだから，その違いをとるには ÷3!］

よって総数は　$\dfrac{{}_9C_3 \times {}_6C_3}{3!} = 84 \times 20 \times \dfrac{1}{6} = 280$ 通り

──────────────────────────────

(2) (1) より，**区別なし** の班分けの総数の求め方は

$$(\text{区別なしの班分けの総数}) = \dfrac{(\text{区別ありの班分けの総数})}{(\text{班の数})!}$$

(☞) 区別なしの班分け ——→ 同じ人数(個数)ずつの班(グループ)分け　ともいえる

そして，この場合だけ，場合の数の求め方に注意すればよいことになる

【8】 12人を次のように分ける方法は何通りあるか求めよ。
(1) Aグループ4人，Bグループ4人，Cグループ4人に分ける。
(2) 5人，4人，3人のグループに分ける。
(3) 4人ずつの3つのグループに分ける。
(4) 6人，3人，3人のグループに分ける。

解答
(1) 12人からAグループ4人の選び方は $_{12}C_4$ 通り
　それに対して，残り8人からBグループ4人の選び方は $_8C_4$ 通り
　残り4人をCグループにすればよいから
　求める総数は　$_{12}C_4 \times _8C_4 = 495 \times 70 = 34650$ 通り

(2) 5人の選び方は $_{12}C_5$ 通り
　それに対して，残り7人から4人の選び方は $_7C_4$ 通り
　残り3人を1つのグループにすればよいから
　求める総数は　$_{12}C_5 \times _7C_4 = 792 \times 35 = 27720$ 通り
　　　　　　　　[☞ 先に3人を選んで，次に4人を選んでもよい ⟶ $_{12}C_3 \times _9C_4$]

(3) (1)の分け方で，A，B，Cの違いをとればよいから
　求める総数は　$\dfrac{34650}{3!} = 5775$ 通り

(4) 6人の選び方は $_{12}C_6$ 通り。残りから3人の2つのグループの作り方は $\dfrac{_6C_3}{2!}$ 通り
　よって求める総数は　$_{12}C_6 \times \dfrac{_6C_3}{2!} = 924 \times 10 = 9240$ 通り

　別解　3人の2つのグループを作って，残りを6人のグループにすればよいから
　　その総数は　$\dfrac{_{12}C_3 \times _9C_3}{2!} = \dfrac{220 \cdot 84}{2} = 9240$ 通り

3.2 同じものを含む順列

(1) p個のA，q個のB，r個のC の合計 n 個（$p+q+r=n$）のものをすべて並べて作られる次のような順列を考える

　　並んだ n 個の枠 □ に対して，次のように A，B，C を入れて順列を作る

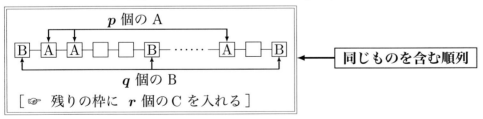

(☞)「同じものを含む順列」と「重複順列」の違い
$\begin{cases} ① 重複順列 \longrightarrow A，B，\cdots\cdots を何回使ってもよい　（重複を許して） \\ \qquad\qquad\qquad [☞ 極端に言えば，Aだけを使う場合も入る] \\ ② 同じものを含む順列 \longrightarrow p 個のA，q 個のB，\cdots\cdots のすべてを使う \end{cases}$

(2) 総数の求め方　→ 次ページ

(2) (1)の **同じものを含む順列の総数** の求め方

次図のように $n(=p+q+r)$ 個の並んだ枠□を考え，図の中の①，②の順に考えていけばよい

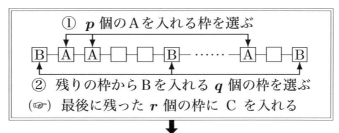

$$\begin{cases} ① & p\text{個のAを入れる枠を選び方は } {}_nC_p \text{ 通り} \\ ② & \text{次に，残りの }(n-p)\text{個の枠から }q\text{個のBの枠の選び方は } {}_{n-p}C_q \text{ 通り} \\ ③ & \text{最後に，残りの }(n-p-q=)r\text{個の枠にCを入れればよい} \end{cases}$$

よって，同じものを含む順列の総数は $\boxed{{}_nC_p \times {}_{n-p}C_q}$

---

(3) (2)の式 ${}_nC_p \times {}_{n-p}C_q$ を階乗を使って計算すると

$$\begin{aligned}{}_nC_p \times {}_{n-p}C_q &= \frac{n!}{p!(n-p)!} \times \frac{(n-p)!}{q!(n-p-q)!} \\ &= \frac{n!}{p!q!(n-p-q)!} \quad [☞\ n-p-q=r] \\ &= \frac{n!}{p!q!r!}\end{aligned}$$

よって

$\begin{Bmatrix} p\text{個の A, }q\text{個の B, }r\text{個の C　計 }n\text{個} \\ \text{のものをすべて並べて作られる順列} \end{Bmatrix}$ 総数は $\boxed{\dfrac{n!}{p!q!r!}}$

[☞ この式の方が使い易い]

【9】 4個のA，3個のB，2個のCを次のように並べる方法は何通りあるか。
(1) すべてを1列に並べる。
(2) Aが隣り合わないように並べる。

解答

(1) 求める総数は $\dfrac{9!}{4!\cdot 3!\cdot 2!} = \dfrac{9\cdot 8\cdot 7\cdot 6\cdot 5}{3\cdot 2\cdot 2} = 1260$ 通り

---

(2) まず，B 3個，C 2個の並べ方の総数は $\dfrac{5!}{3!2!} = 10$ 通り

そのおのおのに対して，BとCの順列の間と両端の外側の6カ所にA 4個を並べればよい。

その並べ方の総数は ${}_6C_4 = {}_6C_2 = 15$ 通り

したがって，求める総数は $10 \times 15 = 150$ 通り

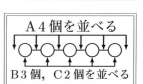

11

3.2.1 最短経路

【10】 右図のような格子状の道路がある。
次の場合，最短経路で行く方法は何通りあるか。
(1) AからBへ行く。
(2) AからPを通ってBへ行く。
(3) Qが通行止めのとき，AからBへ行く。

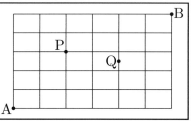

解答 [☞ 最短経路で行くには，交差点で少しでもBに近づくように道を進めばよい]

(1) 道路図を，地図のように上方向を北，右方向を東とする。
AからBへ行く最短経路の道順は，どこかで北へ5区画，東へ6区画行けばよい。
そこで，北へ1区画行くことをN，東へ1区画行くことをEと表すと，
最短経路の道順の総数は，5個のNと6個のEを並べた順列の総数に等しい。
よって，求める総数は $_{11}C_5 = 462$ 通り

[👆 計11個を並べる中にNを入れる場所が5カ所あればよい]

[☞ 計算方法は，同じ物を含む順列の考え方で $\dfrac{11!}{5! \cdot 6!}$ でもよい]

(2) [☞ A $\xrightarrow{\text{N 3個, E 2個}}$ P $\xrightarrow{\text{N 2個, E 4個}}$ B]

AからPまでの最短経路の道順の総数は $_5C_3 = 10$ 通り
それに対して，PからBまでの最短経路の道順の総数は $_6C_2 = 15$ 通り
したがって，求める総数は $10 \times 15 = 150$ 通り

(3) [☞ (Qを通らない道順の総数) = (AからBへ行く道順の総数) − (Qを通る道順の総数)]

まず，AからBへ行くのに，地点Qを通る道順について考える。
この場合は，Aから地点Qの南側の交差点へ行き，地点Qを通って地点Qの北側の交差点からBへ行けばよい。その道順の総数は $_6C_2 \times _4C_2 = 90$ 通り
このとき，地点Qを通らない道順の総数は，(1)より点Qを通る道順の総数を引いたものである。
したがって，求める総数は $462 - 90 = 372$ 通り

4 様々な問題

(☞) 以下は **略解** とする

【11】 10人から5人を選んで円形に並べる方法は何通りあるか。

略解

$\boxed{10人} \xrightarrow[_{10}C_5 \text{ 通り}]{\text{選ぶ}} \boxed{5人} \xrightarrow[4! \text{ 通り}]{\text{円形に並べる}} \boxed{5人の円順列}$

よって，求める総数は $_{10}C_5 \times 4! = \dfrac{10 \cdot 9 \cdot 8 \cdot 7 \cdot 6}{5 \cdot 4 \cdot 3 \cdot 2 \cdot 1} \times 4 \cdot 3 \cdot 2 = 6048$ 通り

【12】 男子4人，女子3人を1列に並べるとき，次の並び方は何通りあるか。
(1) 両端が男子である並び方
(2) 特定の女子2人が隣り合う並び方
(3) 女子3人が隣り合わない並び方

略解
(1) 両端の男子 ⟶ $_4P_2$ 通り　　その間の5人の並び方 ⟶ $5!$ 通り
　よって，総数は　$_4P_2 \times 5! = 4\cdot3 \times 5\cdot4\cdot3\cdot2 = 1440$ 通り

(2) 特定の2人 ⟶ $2!$ 通り。次に，特定の2人を1人とみなして6人 ⟶ $6!$ 通り
　よって，総数は　$2! \times 6! = 2 \times 6\cdot5\cdot4\cdot3\cdot2 = 1440$ 通り

(3) 男子4人を並べる ⟶ $4!$ 通り
　後は，右図のように，男子4人の間と両端の5カ所に女子3人を
　並べればよい ⟶ $_5P_3$ 通り
　よって，総数は　$4! \times _5P_3 = 4\cdot3\cdot2 \times 5\cdot4\cdot3 = 1440$ 通り

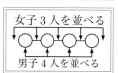

【13】 8人を2つのグループA，Bに分ける方法は何通りあるか。

略解
　1人に対して，グループAに入るか，Bに入るかの2通りがある。
　このとき，全員がグループAに入るかグループBに入る場合は除くから，
　求める総数は　$2^8 - 2 = 254$ 通り

別解　グループAが r 人
　　　グループBが $(8-r)$ 人　⟶ $_8C_r$ 通り

　r は1から7までの整数だから，求める総数は
　　$_8C_1 + _8C_2 + _8C_3 + _8C_4 + _8C_5 + _8C_6 + _8C_7$
　$= 2(_8C_1 + _8C_2 + _8C_3) + _8C_4 = 2\left(8 + \dfrac{8\cdot7}{2\cdot1} + \dfrac{8\cdot7\cdot6}{3\cdot2\cdot1}\right) + \dfrac{8\cdot7\cdot6\cdot5}{4\cdot3\cdot2\cdot1}$
　$= 184 + 70$
　$= 254$ 通り

【14】 9人から4人選ぶとき特定の2人が選ばれる場合は何通りあるか。

略解
9人 { A, B／残り7人 } 選ぶ ⟶ { A, B／2人 } 4人　　総数は　$_7C_2 = 21$ 通り

【15】 12人を，4人，4人，2人，2人のグループに分ける方法は何通りあるか。

略解　→ 次ページ

問【15】の 略解

(☞) $\boxed{12人}$ $\xrightarrow{①分ける}$ $\begin{cases} Aグループ & 4人 \\ Bグループ & 4人 \\ Cグループ & 2人 \\ Dグループ & 2人 \end{cases}$ $\xrightarrow{②区別をとる}$ $\begin{cases} 4人 \\ 4人 \\ 2人 \\ 2人 \end{cases}$

① $\longrightarrow$ $_{12}C_2 \times {}_{10}C_2 \times {}_{8}C_4$ 通り　　② $\longrightarrow \times \dfrac{1}{2! \times 2!}$ だから

総数は　$\dfrac{{}_{12}C_2 \times {}_{10}C_2 \times {}_{8}C_4}{2! \times 2!} = 66 \times 45 \times 70 \times \dfrac{1}{4} = 51975$ 通り

別解　[☞ 同じものを含む順列の考え方で]

12人の前に，4個のA，4個のB，2個のC，2個のDを並べてグループ分けしてその後，4人のグループ同士と2人のグループ同士の違いをとればよいから

総数は　$\dfrac{12!}{4!4!2!2!} \times \dfrac{1}{2!2!} = 11 \cdot 5 \cdot 9 \cdot 7 \cdot 5 \cdot 3 = 51975$ 通り

【16】　男子4人，女子4人が会議をするために円形のテーブルに着席するとき，発表者である男子1人と女子1人が隣り合い，男子どうし，女子どうしが隣り合わない並び方は何通りあるか。

略解

まず，男子の発表者を固定し，男子4人を円形に並べる方法は　3! 通り
次に，女子の発表者が，男子発表者の左右どちら側に着席するかで　2通りで，残りの女子の並べ方 $\longrightarrow$ 3! 通り
よって，総数は　$3! \times 2 \times 3! = 72$ 通り

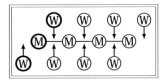

【17】　整数, n, r $(1 \leq r \leq n)$ に関して，次の等式
$$_nC_r = {}_{n-1}C_{r-1} + {}_{n-1}C_r$$
が成り立つことを次の方法で証明せよ。

(1) n人からr人の選び方の総数を，特定のAを含む場合と，Aを含まない場合に分けて求める方法により，等式を示せ。

(2) 右辺を階乗を使って計算し，左辺を導け。

略解

(1) [I] $\begin{cases} \boxed{A} \longrightarrow A \\ \boxed{Aを除く(n-1)人} \longrightarrow (r-1)人 \end{cases} \longrightarrow {}_{n-1}C_{r-1}$ 通り

[II] $\begin{cases} \boxed{A} \longrightarrow \\ \boxed{Aを除く(n-1)人} \longrightarrow r人 \end{cases} \longrightarrow {}_{n-1}C_r$ 通り

[I]，[II] は同時に起こらないし，これがr人を選ぶ場合のすべてだから
$$_{n-1}C_{r-1} + {}_{n-1}C_r = {}_nC_r$$

(2) $\longrightarrow$ 次ページ

問 【17】 の (2) の 略解

(2) $\left[\ \text{☞}\ r\cdot(r-1)!=r!,\ (n-r)(n-r-1)!=(n-r)!,\ n(n-1)!=n!\ \right]$

$$_{n-1}\mathrm{C}_{r-1}+{_{n-1}\mathrm{C}_r}=\frac{(n-1)!}{(r-1)!\,(n-r)!}+\frac{(n-1)!}{r!\,(n-1-r)!}$$

$\left[\ \text{☝}\ \text{前の式の分母・分子に } r \text{ を掛け，後の式には }(n-r)\text{ を掛ける}\ \right]$

$$=\frac{r(n-1)!}{\{r(r-1)!\}(n-r)!}+\frac{(n-r)(n-1)!}{r!\{(n-r)(n-r-1)!\}}$$

$$=\frac{r(n-1)!}{r!\,(n-r)!}+\frac{(n-r)(n-1)!}{r!\,(n-r)!}$$

$$=\frac{n(n-1)!}{r!\,(n-r)!}$$

$$=\frac{n!}{r!\,(n-r)!}$$

$$={_n\mathrm{C}_r}$$

したがって $\qquad _{n-1}\mathrm{C}_{r-1}+{_{n-1}\mathrm{C}_r}={_n\mathrm{C}_r}$

5　付録（4人でじゃんけん）

【問】　4人でじゃんけんを1回するとき，次の問に答えよ。

(1)　手の出し方は全体で何通りあるか。

(2)　1人だけが勝つ場合は何通りあるか。

(3)　2人だけが勝つ場合は何通りあるか。

(4)　4人のうち3人が勝つ（1人だけが負ける）場合は何通りあるか。

(5)　あいこの場合は何通りあるか。

略解

(1)　1人の手の出し方は　3 通り　$\longrightarrow$　全体で　$3^4=81$　通り

(2)　勝つ1人の選び方　$\longrightarrow$　$_4\mathrm{C}_1$ 通り　　　どの手で勝つかで　$\longrightarrow$　3 通り

$\left[\ \text{☞}\ \text{負ける3人の手は自然に決まる}\ \right]$

よって，総数は　$\longrightarrow$　$_4\mathrm{C}_1\times3=12$　通り

(3)　(2)と同様に，総数は　$\longrightarrow$　$_4\mathrm{C}_2\times3=18$　通り

(4)　(2)と同様に，総数は　$\longrightarrow$　$_4\mathrm{C}_3\times3={_4\mathrm{C}_1}\times3=12$　通り

また，これは，(2)で手の出し方を逆にした場合なので同じく　12　通り　となる。

(5)　次の2つの場合がある。

　　　［I］　4人全員が同じ手　$\longrightarrow$　3 通り

　　　［II］　2人が同じ手で，他の2人と三すくみの手　$\longrightarrow$　$_4\mathrm{C}_2\times3!=36$ 通り

ここで，［I］，［II］は同時に起こらないから，求める総数は　$3+36=39$ 通り

$\left[\ \text{☞}\ (5)\text{の補足説明 } \rightarrow \text{次ページ}\ \right]$

(☞)【問】の (5) についての補足説明

> 次のように考えることもできる
> 4人でじゃんけんする場合，誰か(1〜3人)が勝つか，「あいこ」であるかのどちらかであり，かつ その2つの場合で全体となる
> すなわち　全体 81 通り $\begin{cases} 誰か(1〜3人)が勝つ \\ 「あいこ」 \end{cases}$ となっている

この考えで解くと次のようになる

|別解|　あいこでない場合が，(2), (3), (4) の場合だから
　求める総数は　$81 - (12 + 18 + 12) = 39$ 通り
[☞ 意味が分かれば，この解法が簡単，と言うより理解しておくこと]

(☞) さらに次のように考えることもできる

|別解|　勝負がつく手の組合せは，グーとチョキ，チョキとパー，パーとグーの3通り
そこで，グーとチョキの場合は，4人がグーかチョキの手を出せばよい。ただし，4人ともグーか4人ともチョキの場合を除くから，この場合の総数は　$2^4 - 2 = 14$ 通り
よって，誰かが勝つ場合の総数は　$(2^4 - 2) \times 3 = 42$ 通り
したがって，あいこの場合の総数は　$3^4 - 42 = 39$ 通り

以上のことをまとめると，次のようになる

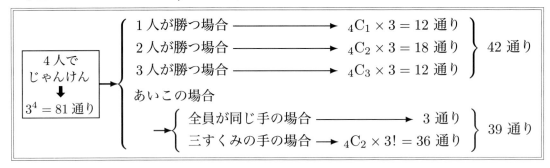

(☞) $\begin{bmatrix} 4人が三すくみの手を出す場合の数の他の求め方 \\ グー2，チョキ1，パー1の手を出す場合の数は　\dfrac{4!}{2!} 通り \\ これが3通り(グー2，チョキ2，パー2)あるから，総数は　\dfrac{4!}{2!} \times 3 = 36 通り \end{bmatrix}$

(☞) |略解| (5) [II] の場合，次のような解法のどこに問題があるだろうか？

[II]　4人のうち3人が違う手の場合

　4人のうち違う手の3人の選び方が ${}_4C_3$ 通り，その3人の手の出し方が $3!$ 通り
また，残りの1人の手の出し方は，どの手でもいいから　3通り
よって，この場合の総数は　${}_4C_3 \times 3! \times 3 = 72$ 通り

$\because$ $\begin{bmatrix} 選ばれた3人が，Aグー，Bチョキ，Cパーで，残り1人Dがグーの場合と， \\ 選ばれた3人が，Bチョキ，Cパー，Dグーで，残り1人Aがグーの場合との \\ 重なり合う場合が含まれているから \end{bmatrix}$

$$\boxed{\text{数 A}}$$

$\boxed{2}$　確　率

【「じゃんけん」について】

(1)　A，B の 2 人がじゃんけんするとき，手の出し方の総数は 3^2 通り　　また，勝ち負けの手の出し方は，グーにチョキ，チョキにパー，パーにグー の 3 通り

そこで，A，B の 2 人がじゃんけんする場合を図式化すると，次のようになる。

$$\boxed{\begin{array}{c}\text{A，B の 2 人}\\\text{でじゃんけん}\end{array}}\begin{cases}\boxed{\text{勝負がつく}}\begin{cases}\text{A が勝つ}\xrightarrow{\text{確率は}}\dfrac{3}{3^2}=\dfrac{1}{3}\\[2mm]\text{B が勝つ}\xrightarrow{\text{確率は}}\dfrac{3}{3^2}=\dfrac{1}{3}\end{cases}\Bigg\}\dfrac{2}{3}\\[6mm]\boxed{\text{あ い こ}}\longrightarrow\text{同じ手}\xrightarrow{\text{確率は}}\dfrac{3}{3^2}=\dfrac{1}{3}\end{cases}$$

---

(2)　1 回のじゃんけんで，A が勝つ確率は　$\dfrac{1}{3}=\mathbf{0.\dot{3}}$

---

(3)　次に，1 回目あいこで，2 回目に A が勝つ確率は　$\dfrac{1}{3}\cdot\dfrac{1}{3}=\left(\dfrac{1}{3}\right)^2$

これより，2 回目までに A が勝つ確率は　$\dfrac{1}{3}+\left(\dfrac{1}{3}\right)^2=\dfrac{4}{9}=\mathbf{0.\dot{4}}$

---

(4)　さらに，1，2 回目あいこで，3 回目に A が勝つ確率は　$\left(\dfrac{1}{3}\right)^3$

これより，3 回目までに A が勝つ確率は　$\dfrac{1}{3}+\left(\dfrac{1}{3}\right)^2+\left(\dfrac{1}{3}\right)^3=\dfrac{13}{27}=\mathbf{0.\dot{4}8\dot{1}}$

---

(5)　よって，A が勝つ確率は

$$\dfrac{1}{3}+\left(\dfrac{1}{3}\right)^2+\left(\dfrac{1}{3}\right)^3+\left(\dfrac{1}{3}\right)^4+\cdots\cdots=\dfrac{\dfrac{1}{3}}{1-\dfrac{1}{3}}=\dfrac{1}{2}=\mathbf{0.5}$$

［☞　数学Ⅲ　無限等比級数の和］

目 次

1 集合の要素の個数   3

2 確 率   4
   2.1 試行と事象 4
   2.2 確率 4
   2.3 確率の加法定理 5
   2.4 余事象の確率 6
   2.5 和事象の確率 8

3 独立な試行の確率   9

4 反復試行の確率   10

5 条件付き確率   13

6 様々な問題   15

1 集合の要素の個数

(1) 有限集合 A の **要素の個数** を $n(A)$ で表す　　［集合(set), 要素(element)］

　(例)① 100 から 200 までの整数のうちで，7 で割り切れる数の集合を B とすると
　　　$B = \{7\cdot15, \ 7\cdot16, \ 7\cdot17, \ \cdots\cdots, \ 7\cdot28\}$ だから
　　　　$\therefore n(B) = 28 - 14 = 14$　　［☞ $28 - 15 = 13$ ではないので注意!!　15 から始まるから，その前の 14 を引く］

　　② 1 から 100 までの整数のうちで，7 で割って 2 余る数の集合を C とすると
　　　$C = \{7\cdot0+2, \ 7\cdot1+2, \ 7\cdot2+2, \ \cdots\cdots, \ 7\cdot14+2\}$ だから
　　　　$\therefore n(C) = 14 - (-1) = 15$

(2) 和集合 ($A \cup B$) の要素の個数　　［和集合(union of sets)］

　① $\boxed{n(A \cup B) = n(A) + n(B) - n(A \cap B)}$

　② $A \cap B = \varnothing$ (空集合) のときは　$n(A \cup B) = n(A) + n(B)$

(3) 補集合 $\overline{A}$ の要素の個数　　［補集合(complementary set)］

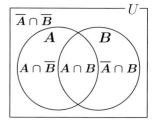

　① $\boxed{n(\overline{A}) = n(U) - n(A)}$

　② ド・モルガンの法則 (De Morgan's laws) より
　　1　$n(\overline{A} \cap \overline{B}) = n(\overline{A \cup B}) = n(U) - n(A \cup B)$
　　2　$n(\overline{A} \cup \overline{B}) = n(\overline{A \cap B}) = n(U) - n(A \cap B)$

　③ $\boxed{n(A \cap \overline{B}) = n(A) - n(A \cap B)}$　　［☞ A から B の部分を引く］

　　　［☞ どれも図を書いて関係を確認し，式を出せるようにしておく］

【1】 90 から 180 までの整数のうち，次のような整数はいくつあるか。
　(1) 3 と 4 の少なくとも一方で割り切れる整数
　(2) 3 で割り切れるが，4 で割り切れない整数
　(3) 3 でも 4 でも割り切れない整数

解答
(1) 3 で割り切れる整数の集合を A とすると　$A = \{3\cdot30, \ 3\cdot31, \ 3\cdot32, \ \cdots\cdots, \ 3\cdot60\}$
　　　$\therefore n(A) = 60 - 29 = 31$
　4 で割り切れる整数の集合を B とすると　$B = \{4\cdot23, \ 4\cdot24, \ 4\cdot25, \ \cdots\cdots, \ 4\cdot45\}$
　　　$\therefore n(B) = 45 - 22 = 23$
　このとき　$A \cap B$ は 12 で割り切れる整数の集合だから
　　$A \cap B = \{12\cdot8, \ 12\cdot9, \ \cdots\cdots, \ 12\cdot15\}$　　$\therefore n(A \cap B) = 15 - 7 = 8$
　ここで，3 と 4 の少なくとも一方で割り切れる整数の集合は $A \cup B$ だから
　　求める個数は　$n(A \cup B) = n(A) + n(B) - n(A \cap B)$
　　　　　　　　　　　　　　　$= 31 + 23 - 8$
　　　　　　　　　　　　　　　$= 46$ (個)

(2), (3)　→ 次ページ

問【1】(2), (3) の 解答

(2) 3で割り切れるが，4で割り切れない
整数の集合は $A \cap \overline{B}$ だから
$$\begin{aligned} n(A \cap \overline{B}) &= n(A) - n(A \cap B) \\ &= 31 - 8 \\ &= 23 \ (\text{個}) \end{aligned}$$

(3) 3でも4でも割り切れない整数の集合
は $\overline{A} \cap \overline{B}$
また，全体集合を U とすると
$$n(U) = 180 - 89 = 91 \quad \text{だから}$$
$$\begin{aligned} n(\overline{A} \cap \overline{B}) &= n(\overline{A \cup B}) \\ &= n(U) - n(A \cup B) \\ &= 91 - 46 \\ &= 45 \ (\text{個}) \end{aligned}$$

2 確 率

2.1 試行と事象

(1) 結果が **偶然によって決まる** 実験や観測 ⟶ 試行 (trial)

(例) ① サイコロを投げる ② (中の見えない)袋の中から玉を取り出す

---

(2) 試行の結果起こる事柄 ⟶ 事象 (event)

(例) 白玉 2 個，赤玉 3 個入った袋の中から玉を 1 個取り出すとき

白玉を a_1, a_2，赤玉を b_1, b_2, b_3 とすると

$\{a_1\}, \{a_2\}, \{b_1\}, \{b_2\}, \{b_3\}$ ⟵ 根元事象 (同様に確からしい)
(elementary event)

$U = \{a_1, \ a_2, \ b_1, \ b_2, \ b_3\}$ ⟵ 全事象 (whole event)

また，空集合 $\varnothing$ で表される事象 ⟶ 空事象 (empty event)
［☞ 確率独特の用語になれること］

2.2 確率

(1) 事象 A が起こる 確率 (probability) を $P(A)$ と表し，次の式で求める

$$\boxed{P(A) = \frac{n(A)}{n(U)}} \longrightarrow 【確率】 = \frac{《この場合何通り》}{《全体で何通り》}$$

(例) ① サイコロを投げて 3 の目が出る確率は $\frac{1}{6}$

② コインを投げて表 (heads) が出る確率は $\frac{1}{2}$ ［☞ ちなみに，裏は tails］

---

(2) 確率の基本性質

① $\boxed{0 \leq P(A) \leq 1}$ 特に ② $P(U) = 1$ ③ $P(\varnothing) = 0$

［☞ ②，③ を除くと $\boxed{0 < P(A) < 1}$ で，$P(A)$ は $\frac{1}{2}$ とか 0.5 とか 50 % のように表される］

4

【2】 白玉7個，赤玉3個が入っている袋から，同時に3個を取り出すとき，次の事象の起こる確率を求めよ。
(1) 白玉2個，赤玉1個　　　(2) 3個とも白
(3) 3個とも赤玉

解答

(1) 10個の玉から3個の玉の取り出し方は $_{10}C_3 = 120$ 通り
その中で，白玉2個と赤玉1個を取り出す場合は $_7C_2 \times _3C_1 = 63$ 通り
よって，求める確率は $\dfrac{63}{120} = \dfrac{21}{40}$　　[$= 0.525$]

(2) 3個とも白玉を取り出す場合は $_7C_3 = 35$ 通り
よって，求める確率は $\dfrac{35}{120} = \dfrac{7}{24}$　　[$= 0.291\dot{6}$]

(3) 3個とも赤玉を取り出す場合は $_3C_3 = 1$ 通り
よって，求める確率は $\dfrac{1}{120}$　　[$= 0.008\dot{3}$]

2.3　確率の加法定理

(1) ① 『事象 A と事象 B が ともに 起こる』
　　$\longrightarrow$ A と B の 積事象 といい，$A \cap B$ とかく
　　　　　　　　(product event)
　　[☞ 読み方　$A \cap B \longrightarrow A$ かつ B　か　A キャップ(cap) B]

② 『事象 A または 事象 B が起こる』
　　$\longrightarrow$ A と B の 和事象 といい，$A \cup B$ とかく
　　　　　　　　(sum event)
　　[☞ 読み方　$A \cup B \longrightarrow A$ または B　か　A カップ(cup) B]

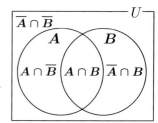

(2) ① $A \cap B = \emptyset$（同時に起こらない）のとき $\longrightarrow$
　　事象 A と事象 B は 互いに排反(事象) であるという
　　　　　　　　　　　　　[排反事象(exclusive event)]

② 事象 A, B が互いに排反(exclusive)であるとき
$$P(A \cup B) = P(A) + P(B)$$
　←　確率の**加法定理**

(☞) 加法定理を実際に使うのは，次のように **場合分け** したときである

> 次の2つの場合がある。
> 　[I] ……の場合の確率は　p
> 　[II] ……の場合の確率は　q
> このとき，[I], [II] は互いに排反だから，
> 　求める確率は　$p + q$　である

5

【3】 白玉5個，赤玉3個が入った袋から，同時に3個の玉を取り出すとき，次の
確率を求めよ。
(1) 3個とも同じ色の玉が出る確率　　(2) 白玉が2個以上出る確率

解答　[☞ 白5, 赤3 ──同時に→ 3個]

(1) 8個の玉から3個の玉の取り出し方は $_8C_3 = 56$ 通り

　その中で，3個とも同じ色の玉が出るには，次の2つの場合がある。

　　[I] 3個とも白玉が出る場合，その確率は $\dfrac{_5C_3}{56} = \dfrac{10}{56}$

　　[II] 3個とも赤玉が出る場合，その確率は $\dfrac{_3C_3}{56} = \dfrac{1}{56}$

　ここで，[I]，[II]は互いに排反だから，求める確率は $\dfrac{10}{56} + \dfrac{1}{56} = \dfrac{11}{56}$

(2) 白玉が2個以上出るには，次の2つの場合がある。

　　[I] 白玉2個，赤玉1個が出る場合，その確率は $\dfrac{_5C_2 \times _3C_1}{56} = \dfrac{30}{56}$

　　[II] 白玉3個が出る場合，その確率は (1) より $\dfrac{10}{56}$

　ここで，[I]，[II]は互いに排反だから，求める確率は $\dfrac{30}{56} + \dfrac{10}{56} = \dfrac{40}{56} = \dfrac{5}{7}$

2.4 余事象の確率

(1) 事象 A が **起こらない** という事象 ⟶ A の 余事象 といい $\overline{A}$ とかく
(complementary event)

　補集合 $\overline{A}$ については $\begin{cases} ① & A \cap \overline{A} = \varnothing \\ ② & A \cup \overline{A} = U \end{cases}$

　このとき，$P(A \cup \overline{A}) = P(A) + P(\overline{A}) - P(A \cap \overline{A})$ において
　$P(A \cup \overline{A}) = 1$，$P(A \cap \overline{A}) = 0$ だから $\quad 1 = P(A) + P(\overline{A})$

　したがって $\boxed{P(A) = 1 - P(\overline{A})}$

　すなわち $\boxed{\sim \text{である 確率}} = 1 - \boxed{\sim \text{でない 確率}}$

　(例) ① サイコロを振って，3の目が出ない(A) ←─余事象─→ 3の目が出る$(\overline{A})$
　　　　$P(A) = 1 - P(\overline{A}) = 1 - \dfrac{1}{6} = \dfrac{5}{6}$

　　② 1から100までの数字を書いた100枚のカードから1枚のカードを引くとき，
　　　 2の倍数を引くという事象を A，3の倍数を引くという事象を B とする
　　　 このとき，2でも3でも割り切れないという事象 $\overline{A} \cap \overline{B} = \overline{A \cup B}$ の確率は？
　　　 $n(A) = 50$，$n(B) = 33$ で，$n(A \cap B) = 16$ だから
　　　 $n(A \cup B) = n(A) + n(B) - n(A \cap B) = 67$
　　　 よって $\quad P(\overline{A \cup B}) = 1 - P(A \cup B) = 1 - \dfrac{67}{100} = \dfrac{33}{100}$

(2) → 次ページ

(2) 余事象の確率の問題でよく出てくる「**少なくとも**」の意味とその確率について

① 白玉 5 個，黒玉 7 個が入った袋から，同時に 3 個の玉を取り出すとき

$$\boxed{\text{少なくとも i 個は白玉}} \xrightarrow{\text{とは}} \left\{\begin{array}{l}\text{白 3 個，黒 0 個}\\ \text{白 2 個，黒 1 個}\\ \text{白 1 個，黒 2 個}\end{array}\right\} \quad i.e. \quad \boxed{\text{最低 1 個は白玉}}$$

これ以外の事象は「白 0 個，黒 3 個」の場合のみである

よって $\boxed{\text{少なくとも 1 個は白玉}} \xleftarrow{\textbf{余事象}} \boxed{\text{3 個とも白玉でない}}$

$\qquad\qquad\qquad\qquad\qquad\qquad\qquad\qquad i.e.$ 3 個すべて黒玉

---

② 同様に，4 枚の硬貨を同時に投げるとき   [☞ 硬貨の表(heads)，裏(tails)]

$\boxed{\text{少なくとも i 枚は表が出る}} \xleftarrow{\textbf{余事象}} \boxed{\text{4 枚とも表が出ない}}$ [☞ 4 枚すべて裏]

$$i.e. \quad \boxed{\text{\textbf{少なくとも i つは 〜 である}} \xleftrightarrow{\textbf{余事象}} \textbf{すべて 〜 でない}}$$

【4】   10 本のくじの中に，2 本の当たりがある。このくじを同時に 3 本引くとき，少なくとも 1 本が当たる確率を求めよ。

解答 (☞) $\left\{\begin{array}{l}\text{① くじ 10 本} \boxed{\text{当 2，外 8}} \xrightarrow{\text{同時に}} \text{3 本}\\ \text{② } \boxed{\text{少なくとも 1 本が当たる}} \xleftarrow{\text{余事象}} \boxed{\text{3 本とも ……}}\end{array}\right.$

「少なくとも 1 本が当たる」という事象の余事象は

「3 本ともはずれ」という事象であり，その確率は $\dfrac{{}_8C_3}{{}_{10}C_3} = \dfrac{7}{15}$

よって， 少なくとも 1 本が当たる確率は $1 - \dfrac{7}{15} = \dfrac{8}{15}$

別解 [☞ 次のように場合分けして求める手もある]

少なくとも 1 本が当たるには，次の 2 つの場合がある。

[I] 当たり 2 本，はずれ 1 本引く場合，その確率は $\dfrac{{}_2C_2 \times {}_8C_1}{{}_{10}C_3} = \dfrac{8}{120}$

[II] 当たり 1 本，はずれ 2 本引く場合，その確率は $\dfrac{{}_2C_1 \times {}_8C_2}{{}_{10}C_3} = \dfrac{56}{120}$

ここで，[I]，[II]は互いに排反だから， 求める確率は

$$\dfrac{8}{120} + \dfrac{56}{120} = \dfrac{64}{120} = \dfrac{8}{15} \qquad \text{[☞ 当然，上の解と一致]}$$

【5】   白玉 5 個，赤玉 4 個，青玉 3 個が入っている袋から，同時に 3 個の玉を取り出すとき，次の確率を求めよ。

(1) 3 個とも異なる色の玉である確率   (2) 3 個とも同じ色の玉である確率

(3) 少なくとも 1 個は白玉である確率

解答 [☞ $\boxed{\text{白 5，赤 4，青 3}} \xrightarrow{\text{同時に}} \text{3 個}$] → 次ページ

7

問【5】の 解答

(1) 白玉1個，赤玉1個，青玉1個を取り出す確率は $\dfrac{{}_5C_1 \times {}_4C_1 \times {}_3C_1}{{}_{12}C_3} = \dfrac{3}{11}$

(2) 3個とも同じ色の玉を取り出すには，次の3つの場合がある。

[I] 白玉3個を取り出す場合，その確率は $\dfrac{{}_5C_3}{{}_{12}C_3} = \dfrac{10}{220}$

[II] 赤玉3個を取り出す場合，その確率は $\dfrac{{}_4C_3}{{}_{12}C_3} = \dfrac{4}{220}$

[III] 青玉3個を取り出す場合，その確率は $\dfrac{{}_3C_3}{{}_{12}C_3} = \dfrac{1}{220}$

ここで，[I]，[II]，[III] は互いに排反だから，求める確率は
$$\dfrac{10}{220} + \dfrac{4}{220} + \dfrac{1}{220} = \dfrac{3}{44}$$

(3) 「少なくとも1個は白玉である」という事象の余事象は「3個とも白玉でない」という事象で，その確率は $\dfrac{{}_7C_3}{{}_{12}C_3} = \dfrac{7}{44}$

よって，求める解は $1 - \dfrac{7}{44} = \dfrac{37}{44}$　　　[☞ 白玉が一番多いから当然確率は高くなる]

[☞ (3)は，[I] 白1個，[II] 白2個，[III] 白3個 と場合分けして求めてもよい]

2.5 和事象の確率

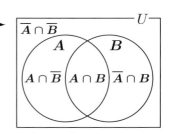

$A \cap B \neq \emptyset$ （同時に起こることがある）のとき

$n(A \cup B) = n(A) + n(B) - n(A \cap B)$ だから

両辺を $n(U)$ で割ると

$$\dfrac{n(A \cup B)}{n(U)} = \dfrac{n(A)}{n(U)} + \dfrac{n(B)}{n(U)} - \dfrac{n(A \cap B)}{n(U)}$$

i.e. $\boxed{\boxed{P(A \cup B) = P(A) + P(B) - P(A \cap B)}}$

(☞) $\begin{cases} \text{すなわち，2つの事象 } A, B \text{ が互いに排反でないときは} \\ \text{重なった部分である積事象 } A \cap B \text{ の確率を引けばよい} \end{cases}$

【6】 1から50までの番号をつけた50枚のカードがある。これより1枚を取り出すとき，その番号が3の倍数または4の倍数である確率を求めよ。

解答 → 次ページ

問【6】の解答

全事象を U とすると $\quad n(U) = 50$

3の倍数であるという事象を A とすると

$A = \{3 \cdot 1, \ 3 \cdot 2, \ \cdots\cdots, \ 3 \cdot 16\}$

$\qquad \therefore \ n(A) = 16$

4の倍数であるという事象を B とすると

$B = \{4 \cdot 1, \ 4 \cdot 2, \ \cdots\cdots, \ 4 \cdot 12\}$

$\qquad \therefore \ n(B) = 12$

また，$A \cap B$ は12の倍数であるという事象だから

$A \cap B = \{12 \cdot 1, \ 12 \cdot 2, \ 12 \cdot 3, \ 12 \cdot 4\}$

$\qquad \therefore \ n(A \cap B) = 4$

このとき，3の倍数または4の倍数であるという事象は $A \cup B$ だから

求める確率は

$P(A \cup B) = P(A) + P(B) - P(A \cap B)$

$\qquad = \dfrac{16}{50} + \dfrac{12}{50} - \dfrac{4}{50} = \dfrac{24}{50}$

$\qquad = \dfrac{12}{25}$

3 独立な試行の確率

(1) 2つの試行が **互いに他方の結果に影響を与えない** とき

これらの試行 $\longrightarrow$ 　独立（独立試行）　(independent trial)

(例) ① 1個のサイコロを投げるときの，1回目の目の出方と2回目の目の出方

② 袋の中から玉を取り出すとき，1回目に取り出す玉の色と **もとに戻して**，2回目に取り出す玉の色

(2) 1個のサイコロを投げて，1回目に1の目が出る確率は $\dfrac{1}{6}$

また，2回目に1の目が出る確率は $\dfrac{1}{6}$

よって，1・2回目とも1の目が出る確率は $\dfrac{1}{6} \cdot \dfrac{1}{6} = \dfrac{1}{36}$

すなわち　独立 な試行の確率 $\longrightarrow$ $\boxed{\boldsymbol{P(A) \times P(B)}}$ 　［☞ （確率）×（確率）］

【7】 サイコロを続けて3回投げるとき，次の確率を求めよ。
   (1) 3回とも3の倍数の目が出る。
   (2) 少なくとも1回は偶数の目が出る。

解答 ［☞ 少なくとも1回は偶数の目 $\xleftarrow{\text{余事象}}$ 3回とも奇数の目］

(1) 3の倍数の目が出る確率は $\dfrac{2}{6} = \dfrac{1}{3}$

よって， 3回とも3の倍数の目が出る確率は $\left(\dfrac{1}{3}\right)^3 = \dfrac{1}{27}$

---

(2) 奇数の目が出る確率は $\dfrac{3}{6} = \dfrac{1}{2}$ だから

3回とも奇数の目が出る確率は $\left(\dfrac{1}{2}\right)^3 = \dfrac{1}{8}$

よって， 求める確率は $\quad 1 - \dfrac{1}{8} = \dfrac{7}{8}$ 　　［☞ 確率は87.5%で非常に高い］

【8】 Aの袋には白玉4個，赤玉6個，Bの袋には白玉6個，赤玉4個が入っている。それぞれの袋から玉1個を取り出すとき次の確率を求めよ。
    (1) 2個の玉の色が同じである確率　　(2) 2個の玉の色が異なる確率

解答 ［☞ 袋A 白4, 赤6 ━→ 1個　　袋B 白6, 赤4 ━→ 1個］

(1) 次の2つの場合がある。

　　　［I］ A，Bの袋からともに赤玉を取り出す確率は $\dfrac{6}{10}\cdot\dfrac{4}{10}=\dfrac{6}{25}$

　　　［II］ A，Bの袋からともに白玉を取り出す確率は $\dfrac{4}{10}\cdot\dfrac{6}{10}=\dfrac{6}{25}$

　　ここで，［I］，［II］は互いに排反だから，求める確率は $\dfrac{6}{25}+\dfrac{6}{25}=\dfrac{12}{25}$

(2) 次の2つの場合がある。

　　　［I］ Aの袋から白玉，Bの袋から赤玉を取り出す確率は $\dfrac{4}{10}\cdot\dfrac{4}{10}=\dfrac{4}{25}$

　　　［II］ Aの袋から赤玉，Bの袋から白玉を取り出す確率は $\dfrac{6}{10}\cdot\dfrac{6}{10}=\dfrac{9}{25}$

　　ここで，［I］，［II］は互いに排反だから，求める確率は $\dfrac{4}{25}+\dfrac{9}{25}=\dfrac{13}{25}$

（☞）
```
(2) ◄─ 余事象 ─► (1) だから  (2)は  1 − 12/25 = 13/25  で求めてもよい
また，袋A，Bの白玉・赤玉の個数は対称なのに，この確率とは？
実は，白玉・赤玉の個数の差が大きくなると，(1)と(2)の確率の差は大きくなる
例えば，A(赤7, 白3)，B(赤3, 白7)の場合，同色の確率は 21/50，異色の確率は 29/50
```

4　反復試行の確率

(1)　独立な試行の繰り返し ━━→ 反復試行 (repeated trial)

(2)　1個のサイコロを5回投げるうち，2回目と4回目にだけ1の目が出る確率は

$$\frac{5}{6}\cdot\frac{1}{6}\cdot\frac{5}{6}\cdot\frac{1}{6}\cdot\frac{5}{6}=\left(\frac{1}{6}\right)^2\left(\frac{5}{6}\right)^3=\frac{125}{7776}(=0.01607\cdots\cdots)$$

(3)　1個のサイコロを5回投げる反復試行において

　　 1の目がちょうど2回出る確率 の求め方を図式化すると，次のようになる

(3)の続きは　→ 次ページ

(3) の続き

前ページの図より，どの場合も確率は $\left(\dfrac{1}{6}\right)^2\left(\dfrac{5}{6}\right)^3$ で，これが $_5\mathrm{C}_2$ 通りある

よって求める確率は $\boxed{\,_5\mathrm{C}_2\left(\dfrac{1}{6}\right)^2\left(\dfrac{5}{6}\right)^3\,} = \dfrac{625}{3888}$ $(= 0.16075\cdots\cdots)$

すなわち $_5\mathrm{C}_2\left(\dfrac{1}{6}\right)^2\left(1-\dfrac{1}{6}\right)^3$ だから

一般に $\boxed{\,_n\mathrm{C}_r\,p^r(1-p)^{n-r}\,}$ ← 反復試行の確率

【 9 】 1個のサイコロを5回投げるとき，次の事象の確率を求めよ。
(1) 偶数の目が3回出る。 (2) 1の目が4回以上出る。

解答

(1) 偶数の目が出る確率は $\dfrac{3}{6} = \dfrac{1}{2}$ だから

求める確率は $_5\mathrm{C}_3\left(\dfrac{1}{2}\right)^3 \cdot \left(\dfrac{1}{2}\right)^2 = 10 \cdot \dfrac{1}{32} = \dfrac{5}{16}$

(2) 次の2つの場合がある。

[I] 1の目が4回出る確率は $_5\mathrm{C}_4\left(\dfrac{1}{6}\right)^4\left(\dfrac{1}{6}\right) = \dfrac{5}{7776}$

[II] 1の目が5回出る確率は $\left(\dfrac{1}{6}\right)^5 = \dfrac{1}{7776}$

ここで，[I]，[II]は互いに排反だから，求める確率は $\dfrac{5}{7776} + \dfrac{1}{7776} = \dfrac{1}{1296}$

【10】 1枚の硬貨を10回投げるとき，次の事象の確率を求めよ。
(1) 表が5回出る。 (2) 表と裏が交互に出る。
(3) 表が8回以上出る。 (4) 表が少なくとも5回以上出る。

解答

(1) 求める確率は $_{10}\mathrm{C}_5\left(\dfrac{1}{2}\right)^5 \cdot \left(\dfrac{1}{2}\right)^5 = \dfrac{252}{1024} = \dfrac{63}{256}$ $\left[\,\text{☞}\ 2^{10} = 1024\,\right]$

(2) 1回目に表が出る場合と，裏が出る場合の2通りあるから

求める確率は $2 \cdot \left(\dfrac{1}{2}\right)^5\left(\dfrac{1}{2}\right)^5 = \dfrac{2}{1024} = \dfrac{1}{512}$

(3)，(4) → 次ページ

問【10】の 解答

(3) 次の3つの場合がある。

[I] 表が8回出る確率は $_{10}C_8 \left(\dfrac{1}{2}\right)^{10} = \dfrac{45}{1024}$ 　 $\left[\text{☞ } _{10}C_8 \left(\dfrac{1}{2}\right)^{10} = \dfrac{_{10}C_2}{2^{10}}\right]$

[II] 表が9回出る確率は $_{10}C_9 \left(\dfrac{1}{2}\right)^{10} = \dfrac{10}{1024}$ 　 $[\text{☞ } 2^{10} = 1024]$

[III] 表が10回出る確率は $\left(\dfrac{1}{2}\right)^{10} = \dfrac{1}{1024}$

ここで，[I]，[II]，[III]は互いに排反だから，求める確率は

$$\dfrac{45}{1024} + \dfrac{10}{1024} + \dfrac{1}{1024} = \dfrac{56}{1024} = \dfrac{7}{128} \qquad [\text{☞ } = 0.0546875]$$

(4) 次の4つの場合がある。

[I] 表が5回出る確率は (1)より $\dfrac{63}{256} = \dfrac{252}{1024}$

[II] 表が6回出る確率は $_{10}C_6 \left(\dfrac{1}{2}\right)^{10} = \dfrac{210}{1024}$

[III] 表が7回出る確率は $_{10}C_7 \left(\dfrac{1}{2}\right)^{10} = \dfrac{120}{1024}$

[IV] 表が8回以上出る確率は (3)より $\dfrac{56}{1024}$

ここで，[I]，[II]，[III]，[IV]は互いに排反だから，求める確率は

$$\dfrac{252}{1024} + \dfrac{210}{1024} + \dfrac{120}{1024} + \dfrac{56}{1024} = \dfrac{638}{1024} = \dfrac{319}{512} \qquad [\text{☞ } = 0.62304\cdots]$$

$$\left[\text{☞ 全体では } (_{10}C_0 + _{10}C_1 + \cdots\cdots + _{10}C_9 + _{10}C_{10})\left(\dfrac{1}{2}\right)^{10} = \dfrac{2^{10}}{2^{10}} = 1\right]$$

【11】 白玉3個，赤玉2個，青玉1個が入った袋から，玉1個を取り出し，色を見て戻すことを5回くり返す。このとき次の問に答えよ。
(1) 白玉が2回出る確率を求めよ。
(2) 白玉2回，赤玉2回，青玉1回が出る確率を求めよ。
(3) 5回目に2度目の赤玉が出る確率を求めよ。

解答 　 $\left[\text{☞ } \boxed{白3，赤2，青1} \longrightarrow 1個取り出し，もとに戻す\right]$

(1) 白玉を取り出す確率は $\dfrac{3}{6} = \dfrac{1}{2}$

よって，求める確率は $_5C_2 \left(\dfrac{1}{2}\right)^2 \left(1 - \dfrac{1}{2}\right)^3 = \dfrac{10}{32} = \dfrac{5}{16}$

---

(2) 白玉2回，赤玉2回，白玉1回取り出す場合の数は $\dfrac{5!}{2!2!1!} = 30$ 通り

よって，求める確率は $30 \cdot \left(\dfrac{3}{6}\right)^2 \left(\dfrac{2}{6}\right)^2 \cdot \dfrac{1}{6} = 30 \cdot \dfrac{1}{4} \cdot \dfrac{1}{9} \cdot \dfrac{1}{6} = \dfrac{5}{36}$

---

(3) 4回目までに赤玉が1回出て，5回目に赤玉が出ればよいから，求める確率は

$$\left\{_4C_1 \dfrac{2}{6} \left(1 - \dfrac{2}{6}\right)^3\right\} \cdot \dfrac{2}{6} = 4 \cdot \dfrac{1}{3} \cdot \dfrac{8}{27} \cdot \dfrac{1}{3} = \dfrac{32}{243}$$

5 条件付き確率

(1) 事象 A が起こったときに，事象 B が起こる確率を
条件付き確率 (conditional probability) といい $P_A(B)$ とかく

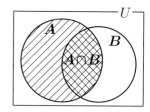

右図より
$$P_A(B) = \frac{n(A \cap B)}{n(A)}$$

i.e. 全事象を A とした場合の，$B(A \cap B)$ が起こる確率

(2) 例として，次の問題について考える

【問】1から5までの整数を書いた5枚の四角いカードと，同じく1から5までの整数を書いた5枚の丸いカードが袋に入っている。この中から1枚取り出すとき，
① 取り出したカードが，四角のカードで奇数である確率を求めよ。
② 袋に手を入れると，四角のカードだと分かったので，それを取り出し，それが奇数である確率を求めよ。

取り出したカードが $\begin{cases} 四角いカードであるという事象を A \\ 奇数のカードであるという事象を B \end{cases}$ とすると

① の場合の確率は $P(A \cap B) = \dfrac{n(A \cap B)}{n(U)} = \dfrac{3}{10}$

② の場合の確率は $P_A(B) = \dfrac{n(A \cap B)}{n(A)} = \dfrac{3}{5}$

① は，起こるのが同様に確からしい（偶然によってのみ左右される）場合の確率
② は，確率に影響する情報（四角いカード）を得られた場合の確率である

(3) $P_A(B) = \dfrac{n(A \cap B)}{n(A)}$ において，$\dfrac{n(A \cap B)}{n(U)} = P(A \cap B)$, $\dfrac{n(A)}{n(U)} = P(A)$ だから

$$\boxed{P_A(B) = \frac{P(A \cap B)}{P(A)}} \longrightarrow \boxed{P(A \cap B) = P(A) P_A(B)}$$

↑ 確率の乗法定理

(2) の【問】においては，$P(A \cap B) = \dfrac{3}{10}$, $P(A) = \dfrac{1}{2}$, $P_A(B) = \dfrac{3}{5}$

(4) (3) の乗法定理に関して，次の問題を考える

【問】黒玉3個，白玉5個が入っている袋から，1個ずつ続けて2個の玉を取り出すとき，1・2回目とも黒玉を取り出す確率を求めよ。ただし，取り出した玉はもとに戻さないものとする。

[☞ 8個 黒3, 白5 → 1個 ─戻さず→ 7個 黒?, 白? → 1個]

(4) の【問】の解説 → 次ページ

(4) の続き ［【問】の解説］

この試行において $\left\{\begin{array}{l}\text{1回目に黒玉を取り出す事象を A}\\\text{2回目に黒玉を取り出す事象を B}\end{array}\right\}$ とすると

$n(U) = {}_8\mathrm{P}_2 = 7\cdot 8, \quad n(A) = {}_3\mathrm{C}_1 \times {}_7\mathrm{C}_1 = 3\cdot 7, \quad n(A \cap B) = {}_3\mathrm{C}_1 \times {}_2\mathrm{C}_1 = 3\cdot 2$

これより $\quad P(A) = \dfrac{n(A)}{n(U)} = \dfrac{3\cdot 7}{7\cdot 8} = \dfrac{3}{8} \qquad P_A(B) = \dfrac{n(A \cap B)}{n(A)} = \dfrac{3\cdot 2}{3\cdot 7} = \dfrac{2}{7}$

よって $\qquad P(A \cap B) = P(A)P_A(B) = \dfrac{3}{8}\cdot\dfrac{2}{7} = \dfrac{3}{28}$

(☞) | これは次のように考えてもよい。

1回目は8個の中に黒玉3個だから，黒玉1個を取り出す確率は $\dfrac{3}{8}$

この1個の黒玉を取り出した後，

2回目は7個の中に黒玉2個だから，黒玉1個を取り出す確率は $\dfrac{2}{7}$

よって，1・2回目とも黒玉の確率は $\quad \dfrac{3}{8}\cdot\dfrac{2}{7} = \dfrac{3}{28}$ ［☞ 確率の乗法定理］

【12】 クラスの生徒に対して，授業前に数学が得意か
苦手かを調べた。その結果が右の表である。
次の問に答えよ。

(1) 無作為に選んだ生徒が，男子で数学が得意で
ある確率を求めよ。

(2) 無作為に選んだ生徒が男子であったとき，
その生徒が数学が得意である確率を求めよ。

	得意	苦手	計
男子	12	10	22
女子	8	10	18
計	20	20	40

解答

(1) クラスの生徒の集合を U とし

男子であるという事象を A，数学が得意であるという事象を B とすると

男子で数学が得意である事象は $A \cap B$ だから

求める確率は $\quad P(A \cap B) = \dfrac{n(A \cap B)}{n(U)} = \dfrac{12}{40} = \dfrac{3}{10}$

---

(2) $\quad n(A) = 22, \quad n(A \cap B) = 12$ だから

求める確率は $\quad P_A(B) = \dfrac{n(A \cap B)}{n(A)} = \dfrac{12}{22} = \dfrac{6}{11}$

---

(2) の 別解

$\qquad P(A) = \dfrac{22}{40} = \dfrac{11}{20}$ だから，(1) より次の求め方もある。

$P_A(B) = \dfrac{P(A \cap B)}{P(A)} = \dfrac{3}{10}\cdot\dfrac{20}{11} = \dfrac{6}{11}$ ［☞ 本質的には，(2) と変わらないが］

【13】 10本のくじの中に，2本の当たりくじが入っている。このくじをA，B，Cの3人が順に1本ずつ引く。引いたくじは戻さないものとする。
このとき，次の確率を求めよ。
(1) Aが当たる確率　　　　(2) Bが当たる確率
(3) Cが当たる確率　　　　(4) 少なくとも1人が当たる確率

解答 ［☞ 10本 当2, 外8 ──1本引く→ A 戻さず B 戻さず C が引く］

(1) Aが当たる確率は $\dfrac{2}{10}=\dfrac{1}{5}$

(2) Bが当たるには，次の2つの場合がある。

　　［Ⅰ］ Aが当たり，Bも当たる確率は $\dfrac{2}{10}\cdot\dfrac{1}{9}=\dfrac{2}{90}$

　　［Ⅱ］ Aが外れ，Bが当たる確率は $\dfrac{8}{10}\cdot\dfrac{2}{9}=\dfrac{16}{90}$

ここで，［Ⅰ］，［Ⅱ］は互いに排反だから，求める確率は $\dfrac{2}{90}+\dfrac{16}{90}=\dfrac{18}{90}=\dfrac{1}{5}$

(3) Cが当たるには，次の3つの場合がある。

　　［Ⅰ］ Aが当たり，Bが外れ，Cが当たるの場合の確率は $\dfrac{2}{10}\cdot\dfrac{8}{9}\cdot\dfrac{1}{8}=\dfrac{16}{720}$

　　［Ⅱ］ Aが外れ，Bが当たり，Cが当たる確率は $\dfrac{8}{10}\cdot\dfrac{2}{9}\cdot\dfrac{1}{8}=\dfrac{16}{720}$

　　［Ⅲ］ Aが外れ，Bが外れ，Cが当たる確率は $\dfrac{8}{10}\cdot\dfrac{7}{9}\cdot\dfrac{2}{8}=\dfrac{112}{720}$

ここで，［Ⅰ］，［Ⅱ］，［Ⅲ］は互いに排反だから

求める確率は $\dfrac{16}{720}+\dfrac{16}{720}+\dfrac{112}{720}=\dfrac{144}{720}=\dfrac{1}{5}$

［☞ 同様に，4人目の人が当たる確率も $\dfrac{1}{5}$ で，10番目の人も同じ。*i.e.* くじは平等］

(4) 「少なくとも1人が当たる」の余事象は「3人とも外れ」である。

3人とも外れの確率は $\dfrac{8}{10}\cdot\dfrac{7}{9}\cdot\dfrac{6}{8}=\dfrac{7}{15}$

よって，少なくとも1人が当たる確率は $1-\dfrac{7}{15}=\dfrac{8}{15}$

6 様々な問題

(☞) 以後は 略解 とする。

【14】 A，B2人でコインを投げてゲームをすることにした。Aが表を選び，Bは裏を選んで，先に4回選んだ面が出た方を勝ちとする。次の確率を求めよ。
(1) Aが勝つ確率
(2) 1・2回目表が出た。この状態でAが勝つ確率

略解 → 次ページ　［☞ 要するに7番勝負である］

15

問【14】の 略解

(1) A が勝つ確率は

A が勝つ
$\begin{cases}
[\mathrm{I}] & 表が続けて 4 回 \longrightarrow \left(\dfrac{1}{2}\right)^4 = \dfrac{1}{16} \\[2mm]
[\mathrm{II}] & (表 3 回,\ 裏 1 回)\to 5 回目表 \longrightarrow {}_4\mathrm{C}_3\left(\dfrac{1}{2}\right)^3 \cdot \dfrac{1.5}{2}\cdot\dfrac{1}{2} = \dfrac{4}{32} \\[2mm]
[\mathrm{III}] & (表 3 回,\ 裏 2 回)\to 6 回目表 \longrightarrow {}_5\mathrm{C}_3\left(\dfrac{1}{2}\right)^3\left(\dfrac{1}{2}\right)^2\cdot\dfrac{1}{2} = \dfrac{5}{32} \\[2mm]
[\mathrm{IV}] & (表 3 回,\ 裏 3 回)\to 7 回目表 \longrightarrow {}_6\mathrm{C}_3\left(\dfrac{1}{2}\right)^3\left(\dfrac{1}{2}\right)^3\cdot\dfrac{1}{2} = \dfrac{5}{32}
\end{cases}$

ここで，[Ⅰ]，[Ⅱ]，[Ⅲ]，[Ⅳ] は互いに排反だから，求める確率は

$$\frac{1}{16} + \frac{4}{32} + \frac{5}{32} + \frac{5}{32} = \frac{2+4+5+5}{32} = \frac{1}{2}$$

[☞ コインに細工をしていなければ，結果は当然。結局これも平等なゲームということ]

(2) あと 2 回表が出れば A の勝ちだから，その確率は

A が勝つ
$\begin{cases}
[\mathrm{I}] & 表が続けて 2 回 \longrightarrow \left(\dfrac{1}{2}\right)^2 = \dfrac{1}{4} \\[2mm]
[\mathrm{II}] & (表 1 回,\ 裏 1 回)\to 5 回目表 \longrightarrow {}_2\mathrm{C}_1\left(\dfrac{1}{2}\right)\dfrac{1}{2}\cdot\dfrac{1}{2} = \dfrac{2}{8} \\[2mm]
[\mathrm{III}] & (表 1 回,\ 裏 2 回)\to 6 回目表 \longrightarrow {}_3\mathrm{C}_1\left(\dfrac{1}{2}\right)\left(\dfrac{1}{2}\right)^2\cdot\dfrac{1}{2} = \dfrac{3}{16} \\[2mm]
[\mathrm{IV}] & (表 1 回,\ 裏 3 回)\to 7 回目表 \longrightarrow {}_4\mathrm{C}_1\left(\dfrac{1}{2}\right)\left(\dfrac{1}{2}\right)^3\cdot\dfrac{1}{2} = \dfrac{2}{16}
\end{cases}$

ここで，[Ⅰ]，[Ⅱ]，[Ⅲ]，[Ⅳ] は互いに排反だから，求める確率は

$$\frac{1}{4} + \frac{2}{8} + \frac{3}{16} + \frac{2}{16} = \frac{4+4+3+2}{16} = \frac{13}{16}\ (=0.8125)$$

(☞)
$\begin{bmatrix}
7 回戦という勝負はスポーツとか将棋とかである。力が拮抗していれば，最初の 2 勝 \\
の大きさが分かる。ちなみに，最初に 1 勝した場合の確率は \dfrac{21}{32} = 0.65625 である。 \\
さらに，最初に 3 勝した場合は \dfrac{15}{16} = 0.9375 である。
\end{bmatrix}$

【15】 A，B，C の 3 人がじゃんけんを 1 回するとき，次の確率を求めよ。
(1) A だけが勝つ確率　　　　(2) だれも勝たない確率

略解

(1) A がどの手かで勝つか (B，C はそれに負ける手) で $\longrightarrow$ $\dfrac{3}{3^3} = \dfrac{1}{9}$

---

(2)
だれも勝たない
$\begin{cases}
[\mathrm{I}] & 3 人とも同じ手 \longrightarrow \dfrac{{}_3\mathrm{C}_1}{3^3} = \dfrac{3}{3^3} = \dfrac{1}{9} \\[2mm]
[\mathrm{II}] & 三すくみの手 \longrightarrow \dfrac{3!}{3^3} = \dfrac{3\cdot 2}{3^3} = \dfrac{2}{9}
\end{cases}$

[Ⅰ]，[Ⅱ] は互いに排反 $\longrightarrow$ $\dfrac{1}{9} + \dfrac{2}{9} = \dfrac{1}{3}$

(2) の 別解 (余事象を使う) $\to$ 次ページ

問【15】(2) の 別解

誰かが勝つ $\begin{cases} [\text{I}] & (1) より，A，B，C の誰か 1 人が勝つ \longrightarrow \quad \dfrac{1}{9} \times 3 = \dfrac{1}{3} \\ [\text{II}] & [\text{I}] の手を入れ替えると，誰か 2 人が勝つ \longrightarrow \quad \dfrac{1}{3} \end{cases}$

また，誰も勝たない $\xleftarrow{\text{余事象}}$ 誰かが勝つ

よって，誰も勝たない $\longrightarrow \quad 1 - \left(\dfrac{1}{3} + \dfrac{1}{3} \right) = \dfrac{1}{3}$

【16】 4 人でじゃんけんをするとき，次の確率を求めよ。
  (1) 1 人だけが勝つ確率   (2) 2 人が勝つ確率
  (3) 3 人が勝つ確率   (4) あいこの確率

略解 [☞ 4 人の手の出し方の総数は 3^4 通り]

(1) どの 1 人が勝つか，どの手で勝つかで $\longrightarrow \quad \dfrac{{}_4\mathrm{C}_1 \times {}_3\mathrm{C}_1}{3^4} = \dfrac{4 \cdot 3}{3^4} = \dfrac{4}{27}$

(2) どの 2 人が勝つか，どの手で勝つかで $\longrightarrow \quad \dfrac{{}_4\mathrm{C}_2 \times {}_3\mathrm{C}_1}{3^4} = \dfrac{2 \cdot 3 \cdot 3}{3^4} = \dfrac{2}{9}$

(3) どの 3 人が勝つか，どの手で勝つかで $\longrightarrow \quad \dfrac{{}_4\mathrm{C}_3 \times {}_3\mathrm{C}_1}{3^4} = \dfrac{4 \cdot 3}{3^4} = \dfrac{4}{27}$

(4) 『あいこ $\xleftarrow{\text{余事象}}$ (1)∪(2)∪(3)』だから $\longrightarrow \quad 1 - \left(\dfrac{4}{27} + \dfrac{2}{9} + \dfrac{4}{27} \right) = \dfrac{13}{27}$

(4) の 別解

あいこ $\begin{cases} [\text{I}] & 4 人とも同じ手 \longrightarrow \quad \dfrac{3}{3^4} = \dfrac{1}{27} \\ [\text{II}] & 2 人同じ手で，他の 2 人と三すくみの手 \longrightarrow \quad \dfrac{{}_4\mathrm{C}_2 \times 3!}{3^4} = \dfrac{12}{27} \end{cases}$

[I]，[II] は互いに排反 $\longrightarrow \quad \dfrac{1}{27} + \dfrac{12}{27} = \dfrac{13}{27}$

(☞) $\begin{cases} \quad [\text{II}] の別の考え方 \\ 4 人にグー 2 個，パー 1 個，チョキ 1 個の割り当て方は \quad \dfrac{4!}{2! \, 1! \, 1!} = 12 \ 通り \\ そして，パー 2 個，チョキ 2 個の 3 通りがあるから \quad 12 \times 3 = 36 \ 通り \\ よって，[\text{II}] \longrightarrow \quad \dfrac{36}{3^4} = \dfrac{12}{27} \qquad [☞ この方が一般性があるかも] \end{cases}$

【17】 3 人でじゃんけんをして，負けた人から抜けていき，最後に残った 1 人を勝
 者とする。あいこも 1 回と考えるとき，次の確率を求めよ。
  (1) 1 回目で勝者が決まる確率   (2) 1 回目で 2 人残っている確率
  (3) 3 回目で勝者が決まる確率

略解 [☞ 問【15】の A,B,C 3 人と，単なる 3 人の違いに注意 !! また 3 人の手の出し方は 3^3 通り]
  → 次ページ

17

問【**17**】の 略解

(1)　3人のうちのどの1人，どの手かで　——→　$\dfrac{{}_3C_1 \times {}_3C_1}{3^3} = \dfrac{3 \cdot 3}{3^3} = \dfrac{1}{3}$

(2)　3人のうちのどの2人，どの手かで　——→　$\dfrac{{}_3C_2 \times {}_3C_1}{3^3} = \dfrac{3 \cdot 3}{3^3} = \dfrac{1}{3}$

　別解 ——→ (1)で，手を入れ替えるだけだから，確率は(1)と同じ

(3)

（☞）　まず，3人でじゃんけん，2人でじゃんけんの確率をまとめると，次のようになる

3人でじゃんけん
- 勝者が決まる ——→ $\dfrac{1}{3}$　［☞ (1)より］
- 2人残る ——→ $\dfrac{1}{3}$　［☞ (2)より］
- 3人であいこ ——→ $\dfrac{1}{3}$　［☞ 1−(1)−(2)より］

2人でじゃんけん
- 勝者が決まる ——→ $\dfrac{{}_2C_1 \times 3}{3^2} = \dfrac{2}{3}$
- 2人であいこ ——→ $\dfrac{3}{3^2} = \dfrac{1}{3}$

これらのことをもとにしてまとめると，次の3つの場合がある

　　　　　　　　　　①　　②　　③

3回目で勝者決定
- ［Ⅰ］　3あ　3あ　勝者 ——→ $\dfrac{1}{3} \cdot \dfrac{1}{3} \cdot \dfrac{1}{3} = \dfrac{1}{27}$
- ［Ⅱ］　3あ　2残　勝者 ——→ $\dfrac{1}{3} \cdot \dfrac{1}{3} \cdot \dfrac{2}{3} = \dfrac{2}{27}$
- ［Ⅲ］　2残　2あ　勝者 ——→ $\dfrac{1}{3} \cdot \dfrac{1}{3} \cdot \dfrac{2}{3} = \dfrac{2}{27}$

［☞ 略記の意味　①→1回目，3あ→3人であいこ，2あ→2人であいこ，2残→2人残る］

［Ⅰ］，［Ⅱ］，［Ⅲ］は互いに排反 ——→ $\dfrac{1}{27} + \dfrac{2}{27} + \dfrac{2}{27} = \dfrac{5}{27}$

【**18**】　1から10までの整数を書いた10枚のカードが袋に入っている。この中から2枚のカードを取り出すとき，次の確率を求めよ。
　　(1)　整数の和が偶数である確率　　　(2)　整数の積が偶数である確率

略解　［☞ 1 ～ 10 ——→ 2枚］

(1)　和が偶数 ⟺ $\left\{\begin{array}{l} ［Ⅰ］　偶＋偶 \\ ［Ⅱ］　奇＋奇 \end{array}\right\}$ ——→ $\dfrac{{}_5C_2 + {}_5C_2}{{}_{10}C_2} = \dfrac{10+10}{45} = \dfrac{4}{9}$

　別解　和が偶数 $\xleftarrow{\text{余事象}}$ 和が奇数（奇＋偶） ——→ $\dfrac{{}_5C_1 \times {}_5C_1}{{}_{10}C_2} = \dfrac{5}{9}$

　　　よって，和が偶数 ——→ $1 - \dfrac{5}{9} = \dfrac{4}{9}$

(2)　積が偶数 ⟺ $\left\{\begin{array}{l} ［Ⅰ］　偶×偶 \\ ［Ⅱ］　偶×奇 \end{array}\right\}$ ——→ $\dfrac{{}_5C_2 + {}_5C_1 \cdot {}_5C_1}{{}_{10}C_2} = \dfrac{10+25}{45} = \dfrac{7}{9}$

　別解　積が偶数 $\xleftarrow{\text{余事象}}$ 積が奇数（奇×奇） ——→ $\dfrac{{}_5C_2}{{}_{10}C_2} = \dfrac{2}{9}$

　　　よって，和が偶数 ——→ $1 - \dfrac{2}{9} = \dfrac{7}{9}$

【19】 袋の中に白玉4個，赤玉1個が入っている。この中から1個取り出し，色を見て袋に戻す。これを3回くり返すとき，少なくとも1回は赤玉を取り出す確率を求めよ。

略解　[☞ 白4, 赤1 → 1個 ──戻す──→ 白4, 赤1 → 1個 ──戻す──→ 白4, 赤1 → 1個]

少なくとも1回は赤玉 ←──余事象──── 3回とも白玉 ──→ $\left(\dfrac{4}{5}\right)^3 = \dfrac{64}{125}$

よって求める確率は　$1 - \dfrac{64}{125} = \dfrac{61}{125}$

別解

少なくとも
1回赤玉
$\begin{cases} [\text{I}] \quad 1\text{回赤玉} \longrightarrow {}_3C_1\left(\dfrac{1}{5}\right)\left(\dfrac{4}{5}\right)^2 = \dfrac{3 \cdot 4^2}{5^3} = \dfrac{48}{125} \\\\ [\text{II}] \quad 2\text{回赤玉} \longrightarrow {}_3C_2\left(\dfrac{1}{5}\right)^2\left(\dfrac{4}{5}\right) = \dfrac{3 \cdot 4}{5^3} = \dfrac{12}{125} \\\\ [\text{III}] \quad 3\text{回とも赤玉} \longrightarrow \left(\dfrac{1}{5}\right)^3 = \dfrac{1}{125} \end{cases}$

[I], [II], [III] は互いに排反 ──→ $\dfrac{48}{125} + \dfrac{12}{125} + \dfrac{1}{125} = \dfrac{61}{125}$

【20】 A，B，C，D 4人の名前を書いた4枚のカードを袋に入れる。その袋から4人がカードを1枚ずつ取り出すとき，次の確率を求めよ。

(1) 4人とも自分の名前のカードを取り出す確率
(2) 4人とも自分以外の名前のカードを取り出す確率

略解

(☞)
自分の名前を書いたカードを Ⓐ, Ⓑ, Ⓒ, Ⓓ とし
次のように，4人の前に取り出したカードを並べる
$\begin{cases} 4\text{人} \longrightarrow \text{A} \quad \text{B} \quad \text{C} \quad \text{D} \\ \text{カード} \longrightarrow Ⓑ \quad Ⓓ \quad Ⓐ \quad Ⓒ \end{cases}$　[☞ カードの並べ方は 4! 通り]

(1) まず，自分の名前のカードを「マイカード」，
他の人の名前のカードを「他のカード」ということにする

4人ともマイカードを取り出す ──→ $\dfrac{1}{4!} = \dfrac{1}{24}$

---

(2)

4人とも他のカード ←──余事象──── $\begin{cases} [\text{I}] \quad 4\text{人ともマイカードを取り出す} \\ [\text{II}] \quad 2\text{人だけマイカードを取り出す} \\ [\text{III}] \quad 1\text{人だけマイカードを取り出す} \end{cases}$

[☞ 何故，「3人だけマイカードを取り出す」は考えなくていいのか？]

そこで，[I], [II], [III] の確率を求める

(☞) 続きは　→ 次ページ

問【20】の 略解

(2) (☞) 前ページからの続き

そこで，[Ⅰ]，[Ⅱ]，[Ⅲ] の確率を求める

[Ⅰ] ⟶ (1) ⟶ $\dfrac{1}{24}$

[Ⅱ] $\begin{cases} 2\text{人の選び方は } {}_4C_2 \text{ 通り} \\ \text{残り2人は他のカード} \end{cases}$ ${}_4C_2$ ⟶ $\dfrac{{}_4C_2}{4!} = \dfrac{6}{24}$

[Ⅲ] $\begin{cases} 1\text{人の選び方は } {}_4C_1 \text{ 通り} \\ \text{次の1人はマイカード以} \\ \text{外の2枚のカードから} \end{cases}$ ${}_4C_1 \times {}_2C_1$ ⟶ $\dfrac{{}_4C_1 \times {}_2C_1}{4!} = \dfrac{8}{24}$

[Ⅰ]，[Ⅱ]，[Ⅲ] は互いに排反 ⟶ $\dfrac{1}{24} + \dfrac{6}{24} + \dfrac{8}{24} = \dfrac{15}{24} = \dfrac{5}{8}$

よって求める余事象の確率は $1 - \dfrac{5}{8} = \dfrac{3}{8}$

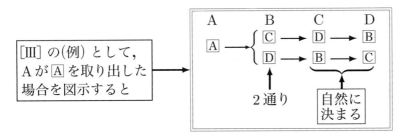

(☞) (2)で，4人 A, B, C, D が他のカードを取り出す場合を，具体的に樹形図で示すと次のようになる

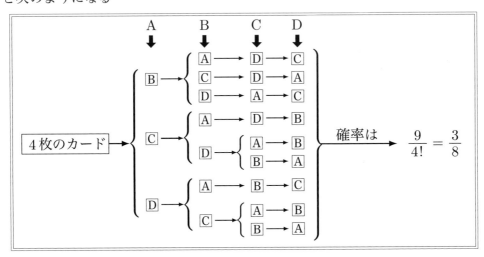

$$\boxed{\text{数 A}}$$

$\boxed{3}$ 整数の性質

(1)　素数が有限個の p_1, p_2, p_3, $\cdots$, p_n だけしかないとすると，
$p = p_1 \cdot p_2 \cdot p_3 \cdot \cdots \cdot p_n + 1$ は，p_1, p_2, p_3, $\cdots$, p_n のいずれでも割り切れない。
よって，素数が上の n 個以外にもあることになり，矛盾する。
すなわち，素数は無限個ある。（背理法）

(2)

【素数表の最初の一部】

2	3	5	7	11	13	17	19	23	29
31	37	41	43	47	53	59	61	67	71
73	79	83	89	97	101	103	107	109	113
127	131	137	139	149	151	157	163	167	173
179	181	191	193	197	199	211	223	227	229
233	239	241	251	257	263	269	271	277	281
283	293	307	311	313	317	331	337	347	349
353	359	367	373	379	383	389	397	401	409
419	421	431	433	439	443	449	457	461	463
467	479	487	491	499	503	509	521	523	541
547	557	563	569	571	577	587	593	599	601
607	613	617	619	631	641	643	647	653	659
661	673	677	683	691	701	709	719	727	733
739	743	751	757	761	769	773	787	797	809
811	821	823	827	829	839	853	857	859	863
877	881	883	887	907	911	919	929	937	941
947	953	967	971	977	983	991	997	1009	1013
1019	1021	1031	1033	1039	1049	1051	1061	1063	1069
1087	1091	1093	1097	1103	1109	1117	1123	1129	1151
1153	1163	1171	1181	1187	1193	1201	1213	1217	1223
1229	1231	1237	1249	1259	1277	1279	1283	1289	1291
1297	1301	1303	1307	1319	1321	1327	1361	1367	1373
1381	1399	1409	1423	1427	1429	1433	1439	1447	1451
1453	1459	1471	1481	1483	1487	1489	1493	1499	1511
1523	1531	1543	1549	1553	1559	1567	1571	1579	1583
$\vdots$	$\vdots$	$\vdots$	$\vdots$	$\vdots$	$\vdots$	$\vdots$	$\vdots$	$\vdots$	$\vdots$

(3)　現在発見されている最大の素数は，メルセンヌ素数の $M_{77,232,917} = 2^{77,232,917} - 1$
である。桁数はなんと 23,249,425 桁である。（2017 年 12 月 26 日）

［☞ 数の読み方 ⇨ 千コンマ，百万コンマ］

1

目 次

1 約数と倍数   **3**

   1.1 倍数の判定法 3

   1.2 素因数分解 4

   1.3 最大公約数・最小公倍数 5

   1.4 最大公約数・最小公倍数の性質 6

2 整数の割り算と商・余り   **7**

   2.1 整数の割り算における商と余り 7

   2.2 余りによる整数の分類 8

3 ユークリッドの互除法   **9**

   3.1 互除法の活用 10

4 一次不定方程式の解法   **11**

5 分数と小数   **14**

6 n 進法   **15**

   6.1 n 進法の小数 17

7 問　題   **18**

8 （付録）2 進法での加減乗除   **19**

【 LaTeX 2_ε について 】［ I ］

1 約数と倍数

(1)
$$\text{整数}\underset{\text{(integer)}}{\left\{\begin{array}{l}\text{正の整数 [自然数 (natural number)]} \longrightarrow 1,\ 2,\ 3,\ 4,\ 5,\ \cdots\cdots \\ \mathbf{0} \\ \text{負の整数 (negative integer)} \longrightarrow -1,\ -2,\ -3,\ -4,\ -5,\ \cdots\cdots\end{array}\right.}$$

(2)　2つの**整数** $a,\ b$ について　$\boldsymbol{a = bk}$ **($\boldsymbol{k}$ は整数)** と表されるとき

①　$\boldsymbol{b} \longrightarrow \boldsymbol{a}$ の**約数** (divisor)　　(*i.e.* a は b で割り切れる)
また　$a = (-b)\cdot(-k)$ だから，　$-\boldsymbol{b}$ も a の約数である

②　$\boldsymbol{a} \longrightarrow \boldsymbol{b}$ の**倍数** (multiple)　　($0 = b\cdot0$ だから，　$\boldsymbol{0}$ も b の倍数である)

(例)　①　12 の約数は　$\pm 1,\ \pm 2,\ \pm 3,\ \pm 4,\ \pm 6,\ \pm 12$
　　　②　6 の倍数は　$0,\ \pm 6,\ \pm 12,\ \pm 18,\ \pm 24,\ \cdots\cdots$　(無限にある)

1.1　倍数の判定法

(例) として，　5桁の自然数　$N = abcde$ を考える
$$[\text{各位の数を } a,\ b,\ c,\ d,\ e \text{ とする}]$$
このとき，　$N = a\cdot10^4 + b\cdot10^3 + c\cdot10^2 + d\cdot10 + e$ である

(1)　$N = abcd\cdot10 + e = abcd\cdot2\cdot5 + e$ だから，次のことがいえる

$$\left\{\begin{array}{l}① \quad \text{一の位が2の倍数} \implies N \text{ は2の倍数} \\ ② \quad \text{一の位が5の倍数} \implies N \text{ は5の倍数}\end{array}\right.$$

(2)　$N = a(10^4 - 1) + a + b(10^3 - 1) + b + c(10^2 - 1) + c + d(10 - 1) + d + e$
　　　$= a\cdot9999 + b\cdot999 + c\cdot99 + d\cdot9 + (a + b + c + d + e)$
　　　$= \boldsymbol{9}(a\cdot1111 + b\cdot111 + c\cdot11 + d) + (\boldsymbol{a + b + c + d + e})$

これより，次のことがいえる

$$\left\{\begin{array}{l}① \quad \text{各位の数の和が3の倍数} \implies N \text{ は3の倍数} \\ ② \quad \text{各位の数の和が9の倍数} \implies N \text{ は9の倍数}\end{array}\right.$$

(3)　$N = abc\cdot100 + de = abc\cdot4\cdot25 + de$
また　$N = ab\cdot1000 + cde = ab\cdot8\cdot125 + cde$ だから

$$\left\{\begin{array}{l}① \quad \text{下 2 桁が4の倍数} \implies N \text{ は4の倍数} \\ ② \quad \text{下 3 桁が8の倍数} \implies N \text{ は8の倍数}\end{array}\right.$$

【1】　百の位の数が 2，一の位の数が 4 である3桁の自然数で，3 の倍数であり，
かつ 4 の倍数であるものを求めよ。

解答

　　4 の倍数である自然数は　204, 224, 244, 264, 284　であり，
　その中で 3 の倍数であるものは　204, 264　である。

1.2 素因数分解

(1) 　素数　⟶ 1 より大きい整数で，**1 とその数以外の約数を持たない**数
　(prime number)
　　　[☞ 背理法で証明したように，素数は無限に存在する ⟶ この項目の表紙参照]

---

(2) 　合成数　⟶ 1 より大きい整数で，素数でない数　　[合成数 (composite number)]

　　合成数　$60 = 3 \cdot 4 \cdot 5$ ⟶ 3，4，5 を 60 の **因数** (factor) という
　　　　　[☞ その他に 1，2，6，10，12，15，20，30 も因数である]

　　その因数の中で，素数であるもの ⟶ 　素因数　(prime factor)

　　また，正の整数を素数の積の形に表すこと ⟶ 　素因数分解　(prime factorization)

　　(例)　　504 の素因数分解
　　　　$504 \div 2 = 252$，　$252 \div 2 = 126$，　$126 \div 2 = 63$，　$63 \div 3 = 21$，　$21 \div 3 = 7$
　　　　したがって　　$504 = 2^3 \cdot 3^2 \cdot 7$　　この表し方は 1 通りである（**素因数分解の一意性**）

---

(3) ① 　$27 = 3^3$ の正の約数は　$\boldsymbol{3^p}$（$\boldsymbol{p = 0, \ 1, \ 2, \ 3}$）と表される

　② 　$108 = 2^2 \cdot 3^3$ の正の約数は
　　　　$\boldsymbol{2^p \cdot 3^q}$（$\boldsymbol{p = 0, \ 1, \ 2, \quad q = 0, \ 1, \ 2, \ 3}$）
　　と表される

　　また，108 の約数の個数は，p が 3 通り，q が 4 通りだから　$3 \times 4 = 12$ 個

　一般に，
> 　　正の整数 N の素因数分解が　　$N = a^p \cdot b^q \cdot c^r \cdot \cdots\cdots$ となるとき，
> 　N の正の約数の個数は　$\boldsymbol{(p+1)(q+1)(r+1)} \cdots\cdots$　である

> 【2】　360 の正の約数の個数と，その総和を求めよ。

解答
　　$360 = 2^3 \cdot 3^2 \cdot 5$ だから，
　正の約数の個数は　$(3+1)(2+1)(1+1) = 24$ 個
　また，その総和は
　　　$(2^0 + 2^1 + 2^2 + 2^3)(3^0 + 3^1 + 3^2)(5^0 + 5^1) = 15 \cdot 13 \cdot 6 = 1170$

　(☞)　約数の総和は　$\begin{Bmatrix} 2^0 \\ 2^1 \\ 2^2 \\ 2^3 \end{Bmatrix} \times \begin{Bmatrix} 3^0 \\ 3^1 \\ 3^2 \end{Bmatrix} \times \begin{Bmatrix} 5^0 \\ 5^1 \end{Bmatrix}$　の各積の総和だから

　　　式で書くと　$(2^0 + 2^1 + 2^2 + 2^3)(3^0 + 3^1 + 3^2)(5^0 + 5^1)$　となる

1.3 最大公約数・最小公倍数

(1) ① 2つ以上の正の整数に共通な約数 $\longrightarrow$ 公約数 (common divisor)

公約数のうちで最大のもの $\longrightarrow$ 最大公約数 (greatest common divisor 略して G.C.D.)

また， a, b の最大公約数を $\mathbf{gcd}(a, b)$ と表す

② a, b の公約数が1のみ *i.e.* $\gcd(a, b) = 1$ のとき

a, b は 互いに素 (coprime) であるという

(例) 24 と 30 を素因数分解すると $24 = 2^3 \cdot 3$ $30 = 2 \cdot 3 \cdot 5$
これより **各素因数で共通なもの** をもってくると $2 \cdot 3 = 6$
これに対して $24 = 6 \cdot 4$, $30 = 6 \cdot 5$ となり 6 は最大公約数である
また，このとき 4 と 5 は互いに素，すなわち $\gcd(4, 5) = 1$ である

(2) 2つ以上の正の整数に共通な倍数 $\longrightarrow$ 公倍数 (common multiple)

公倍数のうちで最小のもの $\longrightarrow$ 最小公倍数 (least common multiple)

(例) $24 = 2^3 \cdot 3 \cdot 5^0$, $30 = 2 \cdot 3 \cdot 5$ に対して，**各素因数の大きい方** を掛け合わせると，
$2^3 \cdot 3 \cdot 5 = 120$ となり，最小公倍数が求められる

(3)

$$
\begin{array}{r|rr}
2 & 24 & 30 \\
3 & 12 & 15 \\
\hline
& 4 & 5
\end{array}
$$

$\longleftarrow$ (☞) このように，共通な素因数(この場合，2と3)で割り，共通な
素因数がなくなるまで続ける
このとき，最大公約数は，左側の素数の積 $2 \cdot 3 = 6$
最小公倍数は，左側の素数と下部の商の積 $2 \cdot 3 \cdot 4 \cdot 5 = 120$

(4) a, b, c は整数で，a, b が互いに素であるとき，次のことが成り立つ

① ac が b の倍数 $\Longrightarrow$ c は b の倍数 ［☞ よく使う］

② n が a の倍数 かつ b の倍数 $\Longrightarrow$ n は ab の倍数

(例) ① より $3m$ が 5 の倍数 $\Longrightarrow$ m は 5 の倍数
② より 2 の倍数 かつ 3 の倍数 $\Longrightarrow$ 6 の倍数

【3】 12 と自然数 n の最小公倍数が 300 となる n をすべて求めよ。

解答

$12 = 2^2 \cdot 3$ また $300 = 2^2 \cdot 3 \cdot 5^2$ だから
$n = 2^p \cdot 3^q \cdot 5^2$ ($p = 0$, 1, 2, $q = 0$, 1) と表される。

よって，次の場合がある

$$
n = \begin{cases} 2^0 \cdot 3^0 \cdot 5^2 = 25 \\ 2^1 \cdot 3^0 \cdot 5^2 = 50 \\ 2^2 \cdot 3^0 \cdot 5^2 = 100 \end{cases}
\qquad
n = \begin{cases} 2^0 \cdot 3^1 \cdot 5^2 = 75 \\ 2^1 \cdot 3^1 \cdot 5^2 = 150 \\ 2^2 \cdot 3^1 \cdot 5^2 = 300 \end{cases}
$$

【4】 a, b が整数であるとき，
a, $3a + 4b$ が 7 の倍数ならば，b は 7 の倍数であることを示せ。

解答 $\to$ 次ページ

問【4】の 解答

a, $3a + 4b$ が 7 の倍数だから
$$\begin{cases} a = 7m \\ 3a + 4b = 7n \end{cases} \quad (m, n \text{ は整数})$$
と表される。

このとき
$$\begin{aligned} 4b &= 7n - 3a \\ &= 7n - 3 \cdot 7m \\ &= 7(n - 3m) \end{aligned}$$
ここで，4 と 7 は互いに素だから b は 7 の倍数である。

【5】 n は自然数で， $n+1$ は 3 の倍数であり， $n+3$ は 5 の倍数である。
このとき， $n+13$ は 15 の倍数であることを示せ。

解答

$n+1$ は 3 の倍数だから $n+1 = 3k$ （k は整数）とおける。

また，$n+3$ は 5 の倍数だから $n+3 = 5m$ （m は整数）とおける。

このとき $n+13 = (n+1) + 12 = 3(k+4)$

すなわち $n+13$ は 3 の倍数である。

また $n+13 = (n+3) + 10 = 5(m+2)$

すなわち $n+13$ は 5 の倍数でもある。

ここで，3 と 5 は互いに素だから $n+13$ は 15 の倍数である。

1.4 最大公約数・最小公倍数の性質

(1) $24 = 2^3 \cdot 3$, $30 = 2 \cdot 3 \cdot 5$ の最大公約数を g, 最小公倍数を l とすると

① 最大公約数 $g = 6$ に対して $24 = 4g$, $30 = 5g$ で 4 と 5 は互いに素

② 最小公倍数 $l = 2^3 \cdot 3 \cdot 5 = 2^2 \cdot 5 \cdot (2 \cdot 3) = 2^2 \cdot 5 \cdot g$ より $l = 4 \cdot 5 \cdot g$

③ $24 \cdot 30 = 2^4 \cdot 3^2 \cdot 5 = (2 \cdot 3) \cdot (2^3 \cdot 3 \cdot 5) = gl$ より $24 \cdot 30 = gl$

---

(2) 一般に，2 つの 正の整数 a, b の最大公約数を g, 最小公倍数を l とすると

$$a = ga', \quad b = gb' \quad (a', b' \text{ は互いに素}) \quad \text{と表される}$$

このとき $l = ga'b'$

また $gl = g(ga'b') = (ga')(gb') = ab$

まとめると

> 2 つの 正の整数 a, b の最大公約数を g, 最小公倍数を l とすると
> ① $a = ga'$, $b = gb'$ （a', b' は互いに素な整数）と表される
> ② $l = ga'b'$ ③ $ab = gl$

【6】 最大公約数が 10，最小公倍数が 360 である 2 つの自然数 a, b $(a < b)$ の組をすべて求めよ。

解答 → 次ページ

問【6】の 解答

　　a, b の最大公約数が 10 だから
　　　　$a = 10a'$, $b = 10b'$ （a', b' は互いに素で，$a' < b'$） とおける。
　このとき，最小公倍数が 360 だから　　$360 = 10a'b'$
　これより　　$a'b' = 36 = 2^2 \cdot 3^2$
　これを満たす a', b' の組は　$(a', b') = (1, \ 2^2 \cdot 3^2), \ (2^2, \ 3^2)$
　よって，求める a, b の組は　　$(a, \ b) = (10, \ 360), \ (40, \ 90)$

【7】　和が 120，最大公約数が 8 である 2 つの正の整数 a, b $(a < b)$ の組をすべて
　　　求めよ。

解答

　題意より　　$a = 8a'$, $b = 8b'$ （a' と b' は互いに素で，$a' < b'$） とおける。
　このとき　$8a' + 8b' = 120$　より　　$a' + b' = 15$
　これを満たす a', b' の組は　$(a', b') = (1, \ 14), \ (2, \ 13), \ (4, \ 11), \ (7, \ 8)$ である。
　よって　　$(a, \ b) = (8, \ 112), \ (16, \ 104), \ (32, \ 88), \ (56, \ 64)$

2　整数の割り算と商・余り

2.1　整数の割り算における商と余り

(1)　77 を 6 で割ると，　$77 = 6 \cdot 12 + 5$　だから
　　$77 \div 6$ の **商**(quotient) は 12，**余り**(remainder) は 5 である

　　一般に，**a を整数，b を正の整数とし，$a \div b$ の商を q, 余りを r とすると**

$$a = bq + r \quad (0 \le r < b)$$

---

(2)　割られる数 a が，負の整数の場合（*i.e.* 負の整数を割る場合）
　　$-10 = 3 \cdot (-4) + 2$　より，　-10 を 3 で割ったときの商は -4, 余りは 2 である
　　このとき　$-10 = 3 \cdot (-3) - 1$　より，余りは -1 ではないことに注意 !!

(☞) $\begin{cases} ①　余り r が $0 \le r < 3$ であることで，**割り算の一意性** が保たれる \\ ②　$\cdots\cdots 3 \cdot (-2) + 2, \ 3 \cdot (-1) + 2, \ 3 \cdot 0 + 2, \ 3 \cdot 1 + 2, \ 3 \cdot 2 + 2 \cdots\cdots$ \\ \quad これより，3 で割って 2 余る整数は　**$3k + 2$ (k は整数)** と表される \end{cases}$

【8】　a, b は整数とする。a を 7 で割ると 4 余り，b を 7 で割ると 5 余る。このと
　　　き，次の数を 7 で割った余りを求めよ。
　　　(1)　$a + b$　　　　　　　(2)　ab　　　　　　　(3)　$a^2 + b$

解答　→ 次ページ

7

問【**8**】の 解答

(1) 題意より
$$\begin{cases} a = 7m + 4 \\ b = 7n + 5 \end{cases} \quad (m, \ n \text{ は整数})$$
とおけるから
$$\begin{aligned} a + b &= (7m + 4) + (7n + 5) \\ &= 7(m + n + 1) + 2 \end{aligned}$$
よって，
$a + b$ を 7 で割った余りは 2 である。

(2) $\begin{aligned} ab &= (7m + 4)(7n + 5) \\ &= 7(7mn + 5m + 4n + 2) + 6 \end{aligned}$
よって，
ab を 7 で割った余りは 6 である。

(3) $\begin{aligned} a^2 + b &= (7m + 4)^2 + (7n + 5) \\ &= 49m^2 + 56m + 16 + 7n + 5 \\ &= 7(7m^2 + 8m + n + 3) \end{aligned}$
よって，
$a^2 + b$ を 7 で割った余りは 0 である。
　　　　　　　[☞ または，7 で割り切れる]

(☞) ┌ 問【**8**】において，a, b の余りに着目して，式変形すると
　　① $\boldsymbol{a + b = (7m + 4) + (7n + 5) = 7(m + n) + (4 + 5)}$
　　② $\boldsymbol{ab = (7m + 4)(7n + 5) = 7(7mn + 5m + 4n) + 4 \cdot 5}$
　　これより，次のことがいえる
　　① $a + b$ を 7 で割ったときの余り＝余りの和 $\boldsymbol{4 + 5}$ を 5 で割ったときの余り
　　② ab を 7 で割ったときの余り＝余りの積 $\boldsymbol{4 \cdot 5}$ を 5 で割ったときの余り
　　また，(3) については，$\boldsymbol{4^2 + 5 = 21 = 7 \cdot 3}$ である

2.2　余りによる整数の分類

(1)　整数を **2** で割ったときの余りは，**0 か 1** のいずれかである
　　よって，すべての整数は　$\boldsymbol{2k}$，$\boldsymbol{2k + 1}$（$\boldsymbol{k}$ **は整数**）　のいずれかの形に表される
　　また，$2k$ が偶数 (even number)，$2k + 1$ が奇数 (odd number) である　[☞ 0 は偶数]

(2)　整数を **3** で割ったときの余りは，**0, 1, 2** のいずれかである
　　よって，すべての整数は次のいずれかの形に表される
$$\boldsymbol{3k, \quad 3k + 1, \quad 3k + 2 \quad (k \text{ は整数})}$$

(3)　一般に，整数を正の整数 $\boldsymbol{n}$ で割ったときの余りは **0, 1, 2, ……, $\boldsymbol{n - 1}$** の
　　いずれかであるから　すべての整数は次のいずれかの形に表される
$$\boldsymbol{nk, \quad nk + 1, \quad nk + 2, \quad ……, \quad nk + (n - 1) \quad (k \text{ は整数})}$$

(4)① 連続する **2** つの整数 k, $k + 1$ には **2** の倍数が含まれる
　　　$\longrightarrow$ **連続する 2 つの整数の積 $k(k + 1)$ は 2 の倍数**

　　② 連続する **3** つの整数 k, $k + 1$, $k + 2$ には **2** の倍数と **3** の倍数が含まれる
　　　$\longrightarrow$ **連続する 3 つの整数の積 $k(k + 1)(k + 2)$ は 6 の倍数**

┌───┐
│【**9**】　連続する 3 つの整数の 2 乗の和から 5 を引いた数は，9 の倍数であることを証
│　　　明せよ。
└───┘

証明 → 次ページ

問【9】の 解答

連続する３つの整数を　$3k,\ 3k+1,\ 3k+2$（k は整数）　とおくと

$$(3k)^2+(3k+1)^2+(3k+2)^2-5$$
$$=9k^2+9k^2+6k+1+9k^2+12k+4-5$$
$$=9(3k^3+2k)$$

よって，連続する３つの整数の２乗の和から５を引いた数は，９の倍数である。

【10】　整数の２乗が３で割り切れないとき，その余りは１であることを証明せよ。

証明

整数 n は　$3k,\ 3k+1,\ 3k+2$（k は整数）　のいずれかで表されるから

［Ⅰ］　$n=3k$ のとき　$n^2=9k^2=3(3k^2)$

［Ⅱ］　$n=3k+1$ のとき　$n^2=(3k+1)^2=9k^2+6k+1$
$$=3(3k^2+2k)+1$$

［Ⅲ］　$n=3k+2$ のとき　$n^2=(3k+2)^2=9k^2+12k+4$
$$=3(3k^2+4k+1)+1$$

よって，n^2 が３で割り切れないのは，［Ⅱ］，［Ⅲ］の場合で，その余りは１である。

3　ユークリッドの互除法

(1)　ユークリッドの互除法の原理

自然数 $a,\ b$（$a \geqq b$）に対し，
$a \div b$ の余りを r とすると，
$$\gcd(a,\ b)=\gcd(b,\ r)$$

$$\overset{\gcd(a,\ b)}{a=bq+r}$$
$$\underset{\gcd(b,\ r)}{}$$

証明

$a \div b$ の商を q，余りを r とすると　$a=bq+r$（$0 \leqq r < b$）

また　$\gcd(a,\ b)=g_1,\quad \gcd(b,\ r)=g_2$　のとき

［Ⅰ］　$a=bq+r \longrightarrow r=a-bq \longrightarrow g_1=\gcd(a,\ b)$ は r の約数

$i.e.$　g_1 は b の約数　かつ　r の約数 $\longrightarrow$ g_1 は b と r の公約数

よって　$g_1 \leqq g_2$ …… ①　　［☞ g_2 は最大公約数だから］

［Ⅱ］　次に　$a=bq+r \longrightarrow g_2=\gcd(b,\ r)$ は a の約数

$i.e.$　g_2 は a の約数　かつ　b の約数 $\longrightarrow$ g_2 は a と b の公約数

よって　$g_2 \leqq g_1$ …… ②

したがって，①，② より　$g_1=g_2$

$i.e.$　$\gcd(a,\ b)=\gcd(b,\ r)$

［☞ $a,\ b$ の G.C.D. は，b と余り r に残るから，次は　$b \div r$］

(2)　互除法　$\longrightarrow$ 次ページ

(2) (1) の原理を使って， **899 と 696 の最大公約数** を次のようにして見つける

$$899 = 696 \cdot 1 + 203 \quad \longrightarrow \quad \gcd(899,\ 696) = \gcd(696,\ 203)$$
$$696 = 203 \cdot 3 + 87 \quad \longrightarrow \quad \gcd(696,\ 203) = \gcd(203,\ 87)$$
$$203 = 87 \cdot 2 + 29 \quad \longrightarrow \quad \gcd(203,\ 87) = \gcd(87,\ 29)$$
$$87 = 29 \cdot 3 + 0 \quad \longrightarrow \quad \gcd(87,\ 29) = \gcd(29,\ 0) = 29$$

よって，899 と 696 の最大公約数は 29 である $\quad [\text{☞}\ 899 = 31 \cdot 29,\ \ 696 = 2^3 \cdot 3 \cdot 29]$

この方法を $\quad \boxed{\textbf{ユークリッドの互除法}} \quad$ (Euclidean Algorithm) という

(☞) $\begin{bmatrix} \text{最大公約数を見つけるには，素因数分解ができればそれが簡単。しかし，数が大きい} \\ \text{場合とか，素因数が大きく見つけにくい場合には「互除法」が威力を発揮する} \end{bmatrix}$

【11】 次の 2 つの整数の最大公約数を求めよ。

  (1) 551, 1740   (2) 7327, 4741

解答

(1) 互除法の計算をすると

$$1740 = 551 \cdot 3 + 87$$
$$511 = 87 \cdot 6 + 29$$
$$87 = 29 \cdot 3 + 0$$

よって，最大公約数は 29 である。

$\quad [\text{☞}\ 551 = 19 \cdot 29,\ 1740 = 2^2 \cdot 3 \cdot 5 \cdot 29]$

(2) 互除法の計算をすると

$$7327 = 4741 \cdot 1 + 2586$$
$$4741 = 2586 \cdot 1 + 2155$$
$$2586 = 2155 \cdot 1 + 431$$
$$2155 = 431 \cdot 5 + 0$$

よって，最大公約数は 431 である。

$\quad [\text{☞}\ 7327 = 17 \cdot 431,\ 4741 = 11 \cdot 431]$

3.1 互除法の活用

(1) **45 と 32** に対して，**ユークリッドの互除法** を使って計算すると

$$\begin{array}{ll}
\lceil\ \boldsymbol{a = bq + r}\ \rfloor & \lceil\ \boldsymbol{r = a - bq}\ \rfloor \\
45 = 32 \cdot 1 + 13 \quad \xrightarrow{\text{移項して}} & 13 = 45 - 32 \cdot 1 \quad \cdots\cdots ① \\
32 = 13 \cdot 2 + 6 \quad \xrightarrow{\text{移項して}} & 6 = 32 - 13 \cdot 2 \quad \cdots\cdots ② \\
13 = 6 \cdot 2 + 1 \quad \xrightarrow{\text{移項して}} & 1 = 13 - 6 \cdot 2 \quad \cdots\cdots ③ \\
6 = 1 \cdot 6 + 0 &
\end{array}$$

これより $\gcd(45,\ 32) = 1$（互いに素）が分かるが

ここでは，「$\boldsymbol{r = a - bq}$」の式に着目する

まず，③ に ② を代入すると $\quad 1 = 13 - (\boldsymbol{32 - 13 \cdot 2}) \cdot 2$
$$= \boldsymbol{13} \cdot 5 + 32 \cdot (-2)$$

これに，① を代入すると $\quad 1 = (\boldsymbol{45 - 32 \cdot 1}) \cdot 5 + 32 \cdot (-2)$
$$= 45 \cdot 5 + 32 \cdot (-2)$$

したがって $\quad \boldsymbol{45 \cdot 5 + 32 \cdot (-7) = 1} \quad \cdots\cdots Ⓐ$

Ⓐ $\longrightarrow$ 方程式 $\boldsymbol{45x + 32y = 1}$ の **1 組の整数解**が $(x,\ y) = (5,\ -7)$

(2) → 次ページ

(2)　さらに，(1) の Ⓐ の両辺に 3 を掛けると

$$45 \cdot 15 + 32 \cdot (-21) = 3 \quad \cdots\cdots Ⓑ$$

Ⓑ ⟶ 方程式 $45x + 32y = 3$ の 1 組の整数解が $(x, y) = (15, \ -21)$

一般に

> 2 つの整数 a, b が互いに素であるとき，整数 c について
> 方程式 $ax + by = c$ を満たす整数 x, y が存在する

(☞)
$$\begin{bmatrix} a, \ b \ \text{が互いに素でない，例えば，} 45x + 30y = 1 \ \text{の場合は} \\ \gcd(45, \ 30) = 15 \ \text{で両辺を割ると，} 3x + 2y = \dfrac{1}{15} \ \text{となり，} \\ \text{これを満たす整数解} \ x, \ y \ \text{は存在しない} \end{bmatrix}$$

4　一次不定方程式の解法

方程式の数より未知数の数が多い方程式 ⟶ **不定方程式** (indefinite equation)

ここでは，**係数 $a, \ b, \ c$ が整数**で，$a \neq 0, \ b \neq 0$ である場合の

$x, \ y$ についての 一次不定方程式 $ax + by = c$ について考える

この一次不定方程式を満たす**整数 $x, \ y$ の組**を **整数解** (integer solution) という

【12】　方程式 $7x + 9y = 0$ のすべての整数解を求めよ。

解答

与式より　$7x = 9(-y)$ ……①
ここで，7 と 9 は互いに素だから
x は 9 の倍数であり
　$x = 9n$（n は整数）とおける。　↗

このとき，①より
$7 \cdot 9n = 9(-y)$ だから　$y = -7n$
よって，求めるすべての整数解は
　$(x, y) = (9n, \ -7n)$（n は整数）

【13】　方程式 $7x + 9y = 1$ のすべての整数解を求めよ。

解答　［☞ 1 つの整数解を何らかの方法で見つけられれば，次のように解法できる］

$7x + 9y = 1$ ……① に対して　$7 \cdot 4 + 9(-3) = 1$ ……② だから

①－② を計算すると

$$\begin{array}{r} 7x \qquad + 9y \qquad = 1 \\ -) \ 7 \cdot 4 \qquad + 9(-3) \ = 1 \\ \hline 7(x - 4) + 9(y + 3) = 0 \end{array}$$

これより　$7(x - 4) = -9(y + 3)$

ここで，7 と 9 は互いに素だから　$x - 4 = 9n$（n は整数）とおける。

このとき　$7 \cdot 9n = -9(y + 3)$ より　$y = -7n - 3$

よって，求めるすべての整数解は　$(x, y) = (9n + 4, \ -7n - 3)$（$n$ は整数）

(☞) 1 つの整数解の求め方について　→ 次ページ

11

$(☞)$ $\boxed{\begin{array}{c}\textbf{1つの整数解}\\ \text{の求め方}\end{array}}$ $\left\{\begin{array}{l}\text{① 直感で見つける} \quad [☞\ \text{もちろん，これでも}\ O.K.]\\[4pt]\text{② } 7x+9y=1 \quad \text{より} \quad 7x=9(-y)+1 \quad \text{だから}\\ \quad 7\ \text{の倍数で，}9\ \text{で割って}\ 1\ \text{余る数を探す}\\ \quad \text{すなわち} \quad x=2 \ \text{のとき} \quad 7\cdot2=14=9\cdot1+5\\ \qquad\qquad\qquad x=3 \ \text{のとき} \quad 7\cdot3=21=9\cdot2+3\\ \qquad\qquad\qquad x=4 \ \text{のとき} \quad 7\cdot4=28=9\cdot3+1\\ \quad \text{これより} \quad 7\cdot4+9(-3)=1 \quad \text{となり}\\ \quad \text{整数解の}\ 1\ \text{つが} \quad (x,\ y)=(4,\ -3) \quad \text{であることが分かる}\\[4pt]\text{③ 問【15】のように，ユークリッドの互除法を使って見つける}\end{array}\right.$

【14】 方程式 $7x+9y=32$ のすべての整数解を求めよ。

$\boxed{\text{解答}}$

$\qquad 7x+9y=32 \ \cdots\cdots ①$ とおく。

① に対して $7x+9y=1$ を考えると $7\cdot4+9\cdot(-3)=1$ だから

両辺に 32 を掛けると $7\cdot128+9\cdot(-96)=32 \ \cdots\cdots ②$

このとき ①－② を計算すると
$$\begin{array}{r}7x \qquad\quad +9y \qquad\quad =32\\ -)\ \underline{7\cdot128 \qquad +9\cdot(-96)=32}\\ 7(x-128)+9(y+96)=0\end{array}$$

よって $7(x-128)=-9(y+96)$ となり 7 と 9 は互いに素だから

$\qquad x-128=9n$ （n は整数）とおける。

このとき $7\cdot9n+9(y+96)=0$ より $y=-7n-96$

よって，求めるすべての整数解は $(x,\ y)=(9n+128,\ -7n-96)$ （n は整数）

問【14】の $\boxed{\text{別解}}$ [☞ 1つの整数解 $(x,\ y)=(2,\ 2)$ を直感で見つけられたら次のように解ける]

$\qquad 7x+9y=32 \ \cdots\cdots ①$ とおく。

① に対して $7\cdot2+9\cdot2=32 \ \cdots\cdots ②$ が成り立つ。

このとき ①－② を計算すると
$$\begin{array}{r}7x \qquad +9y \qquad =32\\ -)\ \underline{7\cdot2 \qquad +9\cdot2 \qquad =32}\\ 7(x-2)+9(y-2)=0\end{array}$$

よって $7(x-2)=-9(y-2)$ となり $7,\ 9$ は互いに素だから

$\qquad x-2=9n$ （n は整数）とおける。

このとき $7\cdot9n+9(y-2)=0$ より $y=-7n+2$

よって，求めるすべての整数解は $(x,\ y)=(9n+2,\ -7n+2)$ （n は整数）

$(☞)$ $\left[\begin{array}{l}\textbf{【問【14】の} \boxed{\text{解答}} \textbf{と} \boxed{\text{別解}} \textbf{の解の表し方について】}\\[4pt]\boxed{\text{解答}}\ \text{の解 ①} \begin{cases}x=9n+128\\ y=-7n-96\end{cases} \text{と} \quad \boxed{\text{別解}}\ \text{の解 ②} \begin{cases}x=9n+2\\ y=-7n+2\end{cases} \text{において}\\[4pt]\text{① を変形すると次のようになる}\\ \qquad \begin{array}{ll}x=9n+128 & y=-7n-96\\ \ =9n+126+2 & \ =-7n-98+2\\ \ =9(n+14)+2 & \ =-7(n+14)+2\end{array}\\[4pt]\text{この式の}\ n+14\ \text{を}\ n\ \text{に置き換えると，② になる}\\ \text{さらに，}\ n\ \text{も}\ n+14\ \text{もすべての整数値をとる。すなわち，① が表す整数全体と}\\ \text{② が表す整数全体は一致する。ただ，表現の仕方が違うだけである}\end{array}\right]$

12

【15】 方程式 $32x + 75y = 4$ のすべての整数解を求めよ。

解答 [☞ この場合は，1組の整数解を見つけるのは大変だから，ユークリッドの互除法を使う]

$32x + 75y = 4$ ……① とおき

32 と 75 に対して，互除法の計算をすると

$$75 = 32 \cdot 2 + 11 \quad 移項して \quad 11 = 75 - 32 \cdot 2 \quad ……②$$
$$32 = 11 \cdot 2 + 10 \quad 移項して \quad 10 = 32 - 11 \cdot 2 \quad ……③$$
$$11 = 10 \cdot 1 + 1 \quad 移項して \quad 1 = 11 - 10 \cdot 1 \quad ……④$$

③ を ④ に代入すると $1 = 11 - (32 - 11 \cdot 2) \cdot 1 = 32 \cdot (-1) + 11 \cdot 3$ ……⑤

② を ⑤ を代入すると $1 = 32 \cdot (-1) + (75 - 32 \cdot 2) \cdot 3 = 32 \cdot (-7) + 75 \cdot 3$

よって $32 \cdot (-7) + 75 \cdot 3 = 1$

両辺に 4 を掛けると $32 \cdot (-28) + 75 \cdot 12 = 4$ ……⑥

このとき ① – ⑥ より

$$\begin{array}{r} 32x + 75y = 4 \\ -) \quad 32 \cdot (-28) + 75 \cdot 12 = 4 \\ \hline 32(x + 28) + 75(y - 12) = 0 \end{array}$$

よって $32(x + 28) = -75(y - 12)$ となり，互除法の計算より，32 と 75 は互いに素だから $x + 28 = 75n$（n は整数）とおける。

このとき $32 \cdot 75n = -75(y - 12)$ より $y - 12 = -32n$

したがって，求めるすべての整数解は

$$(x,\ y) = (75n - 28,\ -32n + 12) \quad (n は整数)$$

(☞) $\left[\begin{array}{l} このように大きい係数になると，互除法を使う方が有効だろう \\ いずれにしろ，この方法もマスターしておくことが大切である \end{array}\right]$

【16】 自然数 n は 19 で割ると 7 余り，14 で割ると 8 余る。こういう n の中で3桁で最大のものを求めよ。

解答

n を 19 で割ると 7 余るから $n = 19x + 7$（x は整数）とおける。

また，n を 14 で割ると 8 余るから $n = 14y + 8$（y は整数）とおける。

これより $19x + 7 = 14y + 8$ だから $19x - 14y = 1$ ……①

① に対して $19 \cdot 3 - 14 \cdot 4 = 1$ ……② が成り立つ。

そこで ① – ② を計算すると

$$\begin{array}{r} 19x - 14y = 1 \\ -) \quad 19 \cdot 3 - 14 \cdot 4 = 1 \\ \hline 19(x - 3) - 14(y - 4) = 0 \end{array}$$

よって $19(x - 3) = 14(y - 4)$ となり 19 と 14 は互いに素だから

$x - 3 = 14k$（k は整数）とおける。

このとき $n = 19x + 7$

$\qquad = 19(14k + 3) + 7$

$\qquad = 266k + 64$

ここで $k = 3$ のとき $n = 862$ $\qquad k = 4$ のとき $n = 1128$

したがって，求める n は $n = 862$ $\qquad$ [☞ $862 = 19 \cdot 45 + 7 = 14 \cdot 61 + 8$]

5 分数と小数

(1) 整数 $m, n\ (n \neq 0)$ に対して，分数 $\dfrac{m}{n}$ の形で表される数 ⟶ **有理数** (rational number)

有理数 $\begin{cases} ① \ \text{整 数} \longrightarrow n=1 \text{のとき 整数}\ m \\ ② \ \text{有限小数} \longrightarrow \dfrac{13}{16}=0.8125 \longrightarrow (2) \\ ③ \ \text{循環小数} \longrightarrow \dfrac{5}{7}=0.\underbrace{714285}\,\underbrace{714285}\cdots\cdots \longrightarrow (3) \end{cases}$

[☞ 循環しない無限小数 ⟶ 無理数 ($\sqrt{2},\ \pi,\ \cdots\cdots$)]

---

(2) 分数 $\dfrac{13}{16}$ について，次のような変形をすると小数で表される

$$\dfrac{13}{16}=\dfrac{13}{2^4}=\dfrac{13\times 5^4}{2^4\times 5^4}=\dfrac{8125}{10^4}=\dfrac{8125}{10000}=0.8125$$

一般に整数でない既約分数 $\dfrac{m}{n}$ について次のことがいえる

$\dfrac{m}{n}$ **が有限小数で表される** $\iff$ **分母 n の素因数は 2, 5 だけからなる**

[☞ $2 \cdot 5 = 10$]

---

(3) 既約分数 $\dfrac{m}{n}$ の分母 n の素因数が 2, 5 だけではない場合

例えば，$\dfrac{5}{7}=0.\underbrace{714285}\,\underbrace{714285}\cdots\cdots$ となる

この小数のように 714285 が繰り返し現れる

(☞) $\begin{bmatrix} \text{その理由は，右のように割り算}\ 5\div 7\ \text{を計算すると} \\ \text{余りは}\ 0,1,2,3,4,5,6\ \text{のいずれかであり，計算の何回目} \\ \text{かに同じ数が現れ，そこから繰り返しになるからである} \end{bmatrix}$

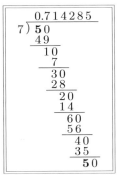

この 714285 を **循環節** といい，この小数を **循環小数** という
(recurring decimal)

循環小数を，循環節の最初の数と最後の数の上に点を付けて次のように表記する

$\dfrac{5}{7}=0.714285714285\cdots=0.\dot{7}1428\dot{5}$ $\qquad$ $\dfrac{9}{14}=0.6428571428571\cdots=0.6\dot{4}2857\dot{1}$

【17】 分数 $\dfrac{9}{14}$ を小数で表したとき，小数第 50 位の数字は何になるか。

解答

$\dfrac{9}{14}=0.6\dot{4}2857\dot{1}$ だから，循環節は 6 個の数字である。

このとき $50=1+6\times 8+1$ だから，小数第 50 位の数字は 4 である。

【18】 次の分数のうち，有限小数になるものを有限小数で表せ。
① $\dfrac{11}{60}$ $\qquad$ ② $\dfrac{7}{40}$ $\qquad$ ③ $\dfrac{13}{125}$ $\qquad$ ④ $\dfrac{19}{180}$

解答 → 次ページ

問【18】の 解答

① $60 = 2^2 \cdot 3 \cdot 5$ だから，有限小数でない $\left[\text{☞} \ \dfrac{11}{60} = 0.18\dot{3} \right]$

② $40 = 2^3 \cdot 5$ だから $\dfrac{7}{40} = \dfrac{7}{2^3 \cdot 5} = \dfrac{7 \cdot 5^2}{2^3 \cdot 5^3} = \dfrac{175}{10^3} = 0.175$ （有限小数）

③ $125 = 5^3$ だから $\dfrac{13}{125} = \dfrac{13}{5^3} = \dfrac{13 \cdot 2^3}{5^3 \cdot 2^3} = \dfrac{104}{10^3} = 0.104$ （有限小数）

④ $180 = 2^2 \cdot 3^2 \cdot 5$ だから，④ は有限小数でない $\left[\text{☞} \ \dfrac{19}{180} = 0.10\dot{5} \right]$

6 n 進法

(1) $\mathbf{2379} = 2 \cdot 10^3 + 3 \cdot 10^2 + 7 \cdot 10^1 + 9 \cdot 10^0$ ［右から順に，10^0の位，10^1の位，10^2の位，$\cdots\cdots$ という］

$\longrightarrow$ **10 を底とする 位取り記数法** (positional notation) **という**

(☞) ［現在はこれが普通なので改めて何を言うかという感じであるが，底 10 は最初から
決まっていたものではなく，古代には，底に 12 が使われていたこともある
その名残が 12 時，1 ダース等に残っている］

一般に，**底を n として数を表す方法**を $\boxed{\text{$n$ 進法}}$ (notation system of base n) という

n 進法で表された数を $\boxed{\text{$n$ 進数}}$ といい，n 進数を $\boldsymbol{a_{(n)}}$ と表す

もちろん，10 進法では，$a_{(10)}$ を省略して単に a とかく

(2) **n 進法** とは，**n 個で一つ繰り上がる** ということ

それを 2 進法，3 進法で具体的に書いたのが下の表である

	2 進法		3 進法	
1	•	$1_{(2)}$	•	$1_{(3)}$
2	••	$10_{(2)}$	••	$2_{(3)}$
3	••	$11_{(2)}$	•••	$10_{(3)}$
4	••	$100_{(2)}$	•••	$11_{(3)}$
5	•• •	$101_{(2)}$	•••	$12_{(3)}$
6	•• ••	$110_{(2)}$	•••	$20_{(3)}$
7	•• ••	$111_{(2)}$	•••	$21_{(3)}$
8	•• ••	$1000_{(2)}$	•••	$22_{(3)}$
9	•• •• •	$1001_{(2)}$	•••	$100_{(3)}$
10	•• •• ••	$1010_{(2)}$	•••	$101_{(3)}$

☞ ここまで，書く必要はな
いかも知れないが，
2 進法は 2 で 1 繰り上がり
3 進法は 3 で 1 繰り上がる
感じをつかんでおく方がよい
と思うのでここに挙げている

また，12 進法は現在にも生
きている
時計の 12 時，鉛筆 1 ダース
は 12 本，1 年は 12 ヶ月
12 が使われた理由の 1 つは
約数が多いからである
12 の約数は 2, 3, 4, 6
10 の約数は 2, 5 だけ
また関連して，角度がある
1 年の日数(初期の暦法で 1 年
は 360 日)から，円 1 周の 360°
60 も 12 と同じく約数が多い

(☞) ［これからも分かるように，2 進数は 0 と 1，3 進数は 0 と 1 と 2 で表され
一般に n 進数は n 個の数 $0, 1, 2, \cdots\cdots, (n-1)$ を使って表される
だから，12 進法では，10 を表す数字と，11 を表す数字が必要になる］

(3)・(4) $\longrightarrow$ 次ページ

15

(3)　(2) より　　$7_{(10)} = 111_{(2)} = 21_{(3)}$

　　このように，底を変えて表すことを **底の変換** という

---

(4)　　13 を 2 進法で表す方法

　　① 　13 の中に含まれる 2^n で最大のものは　$2^3 = 8$　　∴ $13 = 1 \cdot 2^3 + 5$ ……①
　　同じく，5 の中に含まれる 2^n で最大のものは　$2^2 = 4$　　∴ $5 = 1 \cdot 2^2 + 1$ ……②

　　①，② より　　$\begin{aligned} 13 &= 1 \cdot 2^3 + 1 \cdot 2^2 + 1 \\ &= 1 \cdot 2^3 + 1 \cdot 2^2 + 0 \cdot 2^1 + 1 \cdot 2^0 \\ &= 1101_{(2)} \end{aligned}$

　　② 　13 に対して右のような割り算をする

　　2 段目　$13 \div 2 = 6$　余り 1　　⟶
　　3 段目　$6 \div 2 = 3$　余り 0　　⟶
　　4 段目　$3 \div 2 = 1$　余り 1　　⟶

$$\begin{array}{r} 2\,)\,13 \\ \hline 2\,)\,6 \quad \cdots\ 1 \\ \hline 2\,)\,3 \quad \cdots\ 0 \\ \hline 1 \quad \cdots\ 1 \end{array}$$

右の割り算の意味は，① より
$13 = 2 \cdot (1 \cdot 2^2 + 1 \cdot 2) + \mathbf{1}$
$1 \cdot 2^2 + 1 \cdot 2 = 2 \cdot (1 \cdot 2 + 1) + \mathbf{0}$
$1 \cdot 2 + 1 = 2 \cdot \mathbf{1} + \mathbf{1}$

　　この計算より，最後に残るのが最上の位だから　　$13 = 1101_{(2)}$

【19】　次の数を 10 進法で表せ。

　　(1)　$12012_{(3)}$　　　　　　　　　　　(2)　$534_{(6)}$

解答

(1) $\begin{aligned} 12012_{(3)} &= 1 \cdot 3^4 + 2 \cdot 3^3 + 0 \cdot 3^2 + 1 \cdot 3^1 + 2 \cdot 3^0 \\ &= 81 + 54 + 3 + 2 \\ &= 140 \end{aligned}$

(2) $\begin{aligned} 534_{(6)} &= 5 \cdot 6^2 + 3 \cdot 6^1 + 4 \cdot 6^0 \\ &= 180 + 18 + 4 \\ &= 202 \end{aligned}$

【20】　次の 10 進数を ［　］内の指定された表し方で表せ。
　　(1)　170 ［2 進法］　　　　　　　(2)　194 ［5 進法］

解答　　　　［☞ $2^7 = 128$,　$5^3 = 125$］

(1) $\begin{aligned} 170 &= 2^7 + 42 \\ &= 2^7 + 2^5 + 10 \\ &= 2^7 + 2^5 + 2^3 + 2 \\ &= 10101010_{(2)} \end{aligned}$

(2) $\begin{aligned} 194 &= 5^3 + 69 \\ &= 5^3 + 2 \cdot 5^2 + 19 \\ &= 5^3 + 2 \cdot 5^2 + 3 \cdot 5 + 4 \\ &= 1234_{(5)} \end{aligned}$

［☞ 次の計算でも出せる］

$$\begin{array}{r} 5\,)\,194 \\ \hline 5\,)\,38 \quad \cdots\ 4 \\ \hline 5\,)\,7 \quad \cdots\ 3 \\ \hline 1 \quad \cdots\ 2 \end{array}$$

【21】　2 進数 $11111_{(2)}$ を 5 進法で表せ。

解答

$\begin{aligned} 11111_{(2)} &= 1 \cdot 2^4 + 1 \cdot 2^3 + 1 \cdot 2^2 + 1 \cdot 2 + 1 \\ &= 31 \end{aligned}$

このとき　$\begin{aligned} 31 &= 1 \cdot 5^2 + 6 \\ &= 1 \cdot 5^2 + 1 \cdot 5 + 1 \\ &= 111_{(5)} \end{aligned}$

　　∴ $11111_{(2)} = 111_{(5)}$

$$\left[\begin{aligned} &1111_{(2)} \\ &= 2^4 + 2^3 + 2^2 + 2 + 1 \\ &= 4^2 + 2 \cdot 4 + 4 + 3 \\ &= (5-1)^2 + 2 \cdot (5-1) + (5-1) + 3 \\ &= 5^2 - 2 \cdot 5 + 1 + 2 \cdot 5 - 2 + 5 + 2 \\ &= 5^2 + 5 + 1 \\ &= 111_{(5)} \end{aligned} \right]$$

6.1　n 進法の小数

(1)　位取り記数法で整数は　$7326 = 7 \cdot 10^3 + 3 \cdot 10^2 + 2 \cdot 10 + 6$　という意味である

では，　小数 (decimal) はどうなっているか

$$0.1 = \frac{1}{10}, \ \ 0.01 = \frac{1}{100} = \frac{1}{10^2}, \ \ 0.001 = \frac{1}{1000} = \frac{1}{10^3}, \ \ \cdots\cdots \ だから$$

$$\mathbf{0.6253 = 6 \cdot \frac{1}{10} + 2 \cdot \frac{1}{10^2} + 5 \cdot \frac{1}{10^3} + 3 \cdot \frac{1}{10^4}}$$　という意味である

---

(2)　具体的に計算してみる

　　①　2進法で表された小数 $0.1101_{(2)}$ を 10 進法で表す方法は

$$\begin{aligned}
0.1101_{(2)} &= 1 \cdot \frac{1}{2} + 1 \cdot \frac{1}{2^2} + 0 \cdot \frac{1}{2^3} + 1 \cdot \frac{1}{2^4} \\
&= \frac{1}{2} + \frac{1}{4} + \frac{1}{16} \\
&= 0.5 + 0.25 + 0.0625 \\
&= 0.8125
\end{aligned}$$

$$\therefore \ 0.1101_{(2)} = 0.8125$$

---

　　②　10 進法で表された小数 0.776 を 5 進法で表す方法は

$$0.776 \times 5 = 3.88 \longrightarrow 0.776 = \frac{3}{5} + \frac{0.88}{5} \ \ \cdots\cdots ①$$

$$0.88 \times 5 = 4.4 \longrightarrow 0.88 = \frac{4}{5} + \frac{0.4}{5} \ \ \cdots\cdots ②$$

$$0.4 \times 5 = 2 \longrightarrow 0.4 = \frac{2}{5} \ \ \cdots\cdots ③$$

次に　②に③を代入すると　$0.88 = \dfrac{4}{5} + \dfrac{1}{5} \cdot \dfrac{2}{5} = \dfrac{4}{5} + \dfrac{2}{5^2} \ \ \cdots\cdots ④$

④を①に代入すると　$0.776 = \dfrac{3}{5} + \dfrac{1}{5} \left(\dfrac{4}{5} + \dfrac{2}{5^2} \right)$

$$\begin{aligned}
&= 3 \cdot \frac{1}{5} + 4 \cdot \frac{1}{5^2} + 2 \cdot \frac{1}{5^3} \\
&= 0.342_{(5)}
\end{aligned}$$

$$\therefore \ 0.776 = 0.342_{(5)}$$

この計算を，右のように計算することができる　$\longrightarrow$

すなわち，小数部分のみに ×2 の計算をし，そのとき出て来た
整数部分を別にしておく。そして，それを上から順に並べると
5 進法の小数表示になる

　　　［☞　上との関連を比較］

$$\begin{array}{r|r}
\mathbf{0.} & 776 \\
\times & 5 \\
\hline
\mathbf{3} & .88 \\
\times & 5 \\
\hline
\mathbf{4} & .4 \\
\times & 5 \\
\hline
\mathbf{2} & .0 \\
\end{array}$$

7 問 題

(☞) 以下は 略解 とする。

【22】 自然数 n と 252 の最小公倍数が 1764 である。n の個数を求めよ。

略解　$\left.\begin{array}{l} 252 = 2^2 \cdot 3^2 \cdot 7 \\ 1764 = 2^2 \cdot 3^2 \cdot 7^2 \end{array}\right\}$ $\longrightarrow$ $n = 2^p \cdot 3^q \cdot 7^2$ $(p = 0, 1, 2, \quad q = 0, 1, 2)$ と表せる

よって　$\left.\begin{array}{l} p \longrightarrow 3 \text{ 通り} \\ q \longrightarrow 3 \text{ 通り} \end{array}\right\}$ $\longrightarrow$ n は $3 \cdot 3 = 9$ 個

【23】 整数 n に対して，$n(n^2 + 8)$ は 3 の倍数であることを証明せよ。

略証　$n \longrightarrow 3k, \ 3k+1, \ 3k+2$ （k は整数）

[I]　$n = 3k$ のとき　$n(n^2 + 8) = 3k\{(3k)^2 + 8\}$

[II]　$n = 3k + 1$ のとき　$n^2 + 8 = (3k+1)^2 + 8$
$$= 3(3k^2 + 2k + 3)$$

[III]　$n = 3k + 2$ のとき　$n^2 + 8 = (3k+2)^2 + 8$
$$= 3(3k^2 + 4k + 4)$$

したがって，[I], [II], [III] より　$n(n^2 + 8)$ は 3 の倍数である。

$$\left[\begin{array}{l} ☞ \quad \boxed{別証} \quad \begin{array}{l} n(n^2 + 8) = n(n^2 - 1) + 9n \\ \qquad\qquad = (n-1)n(n+1) + 3 \cdot 3n \end{array} \\ \text{において，} \ n-1, \ n, \ n+1 \ \text{は 3 連続整数だから} \cdots\cdots \end{array}\right]$$

【24】 方程式 $23x - 19y = 1$ を満たす 2 桁の自然数を求めよ。

略解　[☞ $23x = 19y + 1$ より，23 の倍数で 19 で割って 1 余る数を探せればよいが，ダメなら互除法]

$23x - 19y = 1$ ……① とおく

23 と 19 に対して
$\begin{array}{l} 23 = 19 \cdot 1 + 4 \\ 19 = 4 \cdot 4 + 3 \\ 4 = 3 \cdot 1 + 1 \end{array}$
$\begin{array}{l} \xrightarrow{\text{移項して}} \\ \xrightarrow{\text{移項して}} \\ \xrightarrow{\text{移項して}} \end{array}$
$\begin{array}{l} 4 = 23 - 19 \cdot 1 \ \cdots\cdots ② \\ 3 = 19 - 4 \cdot 4 \ \cdots\cdots ③ \\ 1 = 4 - 3 \cdot 1 \ \cdots\cdots ④ \end{array}$

④ に ③ を代入 $\longrightarrow$ $1 = 4 - (19 - 4 \cdot 4) \cdot 1 = -19 + 5 \cdot 4 \ \cdots\cdots ⑤$

⑤ に ① を代入 $\longrightarrow$ $1 = -19 + 5 \cdot (23 - 19 \cdot 1) = 23 \cdot 5 - 19 \cdot 6$

$\therefore 23 \cdot 5 - 19 \cdot 6 = 1 \ \cdots\cdots ⑥$

このとき，⑥ － ① より
$$\begin{array}{r} 23x \quad\quad - 19y \quad\quad = 1 \\ -) \ 23 \cdot 5 \quad\quad - 19 \cdot 6 \quad\quad = 1 \\ \hline 23(x - 5) - 19(y - 6) = 0 \end{array}$$

これより　$23(x - 5) = 19(y - 6)$

23 と 19 は互いに素 $\longrightarrow$ $x - 5 = 19n$ （n は整数） $\longrightarrow$ $y - 6 = 23n$

よって　$(x, y) = (19n + 5, \ 23n + 6)$ （n は整数）

ここで　$10 \leqq 19n + 5 \leqq 99, \quad 10 \leqq 23n + 6 \leqq 99$　だから　$1 \leqq n \leqq 4$

したがって，求める解は $(x, y) = (24, 29), \ (43, 52), \ (62, 75), \ (81, 98)$

【25】 正の整数 N を5進法と7進法で表すと,どちらも3桁の数となり2桁目は0である。また,5進法と7進法の1桁目と3桁目は入れ替わっている。
このとき, N を10進法で表せ。

略解 $N = \begin{cases} a0b_{(5)} = a \cdot 5^2 + 5 \cdot 0 + b = 25a + b \\ b0a_{(7)} = b \cdot 7^2 + 0 \cdot 7 + a = 49b + a \end{cases}$ (a, b は整数で, $1 \leq a$, $b \leq 4$)

よって $25a + b = 49b + a$ より $24a = 48b$
∴ $a = 2b$

ここで, a, b は整数で, $1 \leq a$, $b \leq 4$ ⟶ $(a, b) = (2, 1), (4, 2)$

したがって $N = \begin{cases} 25 \cdot 2 + 1 = 51 \\ 25 \cdot 4 + 2 = 102 \end{cases}$

8 (付録) 2進法での加減乗除

ここでは,2進数のみを扱うので,$101_{(2)}$ を単に 101 と表す

(1) 10進法での足し算は,0から9までの数同士の足し算が基本となっている
それに対して2進法での足し算の基本は

(例) $11011 + 1110 = 101001$

+	0	1
0	0	1
1	1	**10**

```
  11011
+  1110
------
 101001
```

[☞ $1+1=10$, $1+1+1=11$ に注意]

(2) 引き算の基礎は,$0-0=0$, $1-0=1$, $1-1=0$, **$10-1=1$**

$10100 - 1101 = 111$

```
 0⑩ 0 1⑩
  10100
-  1101
------
    111
```

{ 3桁目の1を繰り下げて⑩,
さらに繰り下げて2桁目1, 1桁目⑩から引く
同様に,5桁目の1を繰り下げて⑩, ……

(3) 10進法でのかけ算の九九にあたるのが,2進法では

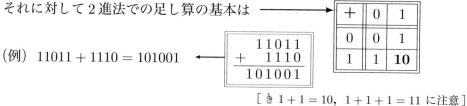

(例) $1101 \times 101 = 1000001$

(4) (割り算の例) $1000001 \div 1101 = 101$

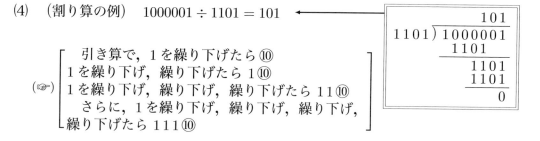

(☞) [引き算で,1を繰り下げたら⑩
1を繰り下げ,繰り下げたら 1⑩
1を繰り下げ,繰り下げ,繰り下げたら 11⑩
さらに,1を繰り下げ,繰り下げ,繰り下げ,
繰り下げたら 111⑩]

【 LaTeX 2_ε について 】［Ⅰ］

TeX（テック or テフ）というソフトを作ったのは，スタンフォード大学名誉教授の Donald E. Knuth 先生（クヌース 1938〜）です。数学者であり，コンピュータ学者です。「TeX」は，組版ソフトです。組版とは印刷関係で活字を組んで版を作ることです。

この TeX はフリーソフトで，Mac でも Windows でも使えます。

次に，同じくコンピュータ学者の Leslie Lamport 先生（ランポート 1941〜）によって機能拡張され，1993 年に LaTeX 2_ε（ラテック・ツー・イー）ができました。

と書きましたが，私自身は TeX がどのように作られているのかの原理は分かりません。今は，技術評論社発行で DVD-ROM 付きの奥村晴彦教授著『LaTeX 2_ε 美文書作成入門』の DVD-ROM から Mac にインストールして使っています。

使い方は「美文書作成入門」以外に、朝倉書店発行 生田誠三著『LaTeX 2_ε 文典』等を参考にしています。

私がこの LaTeX 2_ε に取り憑かれた理由は，数学で使う文字・記号がきれいに打てるということだけでなく，図も正確に，しかもきれいに書けるからです。ただし，グラフ上の各点の座標は Excel 関数で計算しています。また，ページの構成も自分のしたいようにできる等の理由です。悪筆の私にとっては最高のソフトです。

それでは，機能を幾つか紹介します。

(1) まず，テキストエディタに原稿を書きます。エディタは上記の CD-ROM にある TeXShop を使っています。以前は「ミミカキエディット」を使っていました。

(2) TeXShop に「 \$ ¥fk{x}=ax^2+bx+c \$ 」と書いて『タイプセット』をクリックすると，PDF ファイルに「 $f(x) = ax^2 + bx + c$ 」と表示されます。

その他幾つかの例を挙げておきます。

① \$ ¥Frac{3}{5} \$ $\xrightarrow[\text{セット}]{\text{タイプ}}$ $\dfrac{3}{5}$ 　これは本来 \$ ¥frac{3}{5} \$ で $\frac{3}{5}$ となりますが横棒が短すぎたり，分母・分子が離れすぎているので，修正しました。

② 同様に，\$ ¥Root{8}=2¥Root{2} \$ $\xrightarrow[\text{セット}]{\text{タイプ}}$ $\sqrt{8} = 2\sqrt{2}$ これも元は \$ ¥sqrt{8} \$ で，$\sqrt{8}$ です。

③ \$ ¥Comb{5}{2}¥Fka{¥Frac{1}{6}}^2¥Fka{¥Frac{5}{6}}^3 \$

$\xrightarrow[\text{セット}]{\text{タイプ}}$ ${}_5\mathrm{C}_2 \left(\dfrac{1}{6}\right)^2 \left(\dfrac{5}{6}\right)^3$ 　ここでも，¥Comb{}{}，¥Fka{} は自前です。

④ \$ ¥Abs{a}=¥Flcka{¥Fpcz{.pt}{21}{\$ 　a¥␣¥␣¥ka{a¥Geq 0} ¥nx{.}

- a¥␣¥␣¥ka{a < 0} \$}}\$ $\xrightarrow[\text{セット}]{\text{タイプ}}$ $|a| = \begin{cases} a \ (a \geq 0) \\ -a \ (a < 0) \end{cases}$

¥Ceq は奥村先生作成のものです。

⑤ 　¥DFb{.6}{1.5}{.3}{2}{¥␣¥␣¥bo{ 中味 }¥␣¥␣} $\xrightarrow[\text{セット}]{\text{タイプ}}$ $\boxed{\text{中味}}$

.6 は外側の線の幅が 0.6 ポイント，1.5 は外線と内線の間隔が 1.5pt，.3 は内側の線の幅が 0.3pt，2 は線と中味の間隔が 2pt，␣ は半角スペースを表します。

以上，ほんの一部を紹介しました。興味があればネット等で調べてみて下さい。

数A

④ 図形の性質

(1) 【外心】　　　［☞ 外接円の中心］
各辺の垂直2等分線の交点

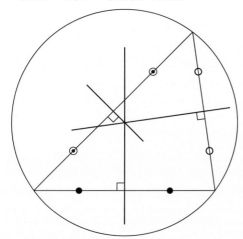

(2) 【内心】　　　［☞ 内接円の中心］
各頂角の二等分線の交点

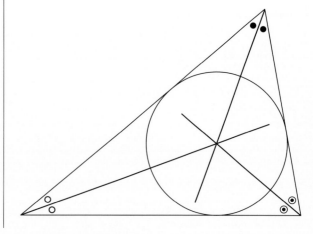

(3) 【重心】
各頂点から引いた中線の交点

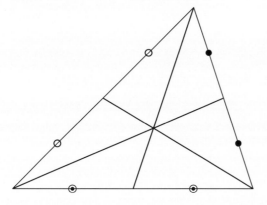

(4) 【垂心】
各頂点から対辺に下ろした垂線の交点

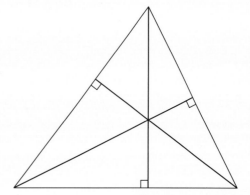

(☞) この他に，傍接円の中心の傍心があり，合わせて「三角形の五心」という

目 次

1 三角形の辺の比 **3**
 1.1 平行と三角形の辺の比 3
 1.2 内分点・外分点 3
 1.3 三角形の内・外角の二等分線と辺の比 4

2 三角形の外心・内心・重心 **5**
 2.1 三角形の外心 5
 2.2 三角形の内心 6
 2.3 三角形の重心 7

3 チェバの定理・メネラウスの定理 **8**
 3.1 チェバの定理 8
 3.2 メネラウスの定理 9

4 円の性質 **10**
 4.1 円周角の定理 10
 4.2 円に内接する四角形 11
 4.3 円の接線 12
 4.4 接弦定理 13
 4.5 方べきの定理 14

【 $\LaTeX 2_\varepsilon$ について 】［II］

1 三角形の辺の比

1.1 平行と三角形の辺の比

右の図 ① のように，△ABC の
辺 AB 上に点 R，辺 AC 上に点 Q があるとき
次の関係が成り立つ

① $\text{RQ} \parallel \text{BC} \begin{cases} \iff \text{AR} : \text{RB} = \text{AQ} : \text{QC} \\ \iff \text{AR} : \text{AB} = \text{AQ} : \text{AC} \end{cases}$

② $\text{RQ} \parallel \text{BC} \Longrightarrow \text{AR} : \text{AB} = \text{RQ} : \text{BC}$

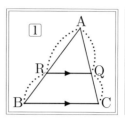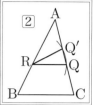

［☞ ②の（⇐）の反例が ② の図］

1.2 内分点・外分点

(1)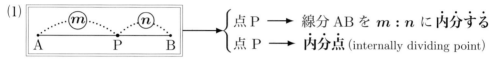

$\begin{cases} \text{点 P} \longrightarrow \text{線分 AB を } m : n \text{ に内分する} \\ \text{点 P} \longrightarrow \text{内分点 (internally dividing point)} \end{cases}$

［☞ 以後も，図中の ○ に囲まれた数は比を表すものとする］

(☞) 図より，比の計算の例

① $\text{AP} : \text{PB} = m : n \longrightarrow n\text{AP} = m\text{PB} \longrightarrow \dfrac{\text{AP}}{m} = \dfrac{\text{PB}}{n} \longrightarrow \dfrac{\text{AP}}{\text{PB}} = \dfrac{m}{n}$

② $\text{AP} : \text{AB} = m : (m+n) \longrightarrow (m+n)\text{AP} = m\text{AB} \longrightarrow \text{AP} = \dfrac{m}{m+n}\text{AB}$

(2) ① $m > n$ のとき　　または　　② $m < n$ のとき

①, ② $\longrightarrow \begin{cases} \text{点 Q} \longrightarrow \text{線分 AB を } m : n \text{ に外分する} \\ \text{点 Q} \longrightarrow \text{外分点 (externally dividing point)} \end{cases}$

(☞) 図より，比の計算の例

① $\longrightarrow \text{AB} : \text{BQ} = (m-n) : n \longrightarrow (m-n)\text{BQ} = n\text{AB} \longrightarrow \text{BQ} = \dfrac{n}{m-n}\text{AB}$

② $\longrightarrow \text{QA} : \text{AB} = m : (n-m) \longrightarrow (n-m)\text{QA} = m\text{AB} \longrightarrow \text{QA} = \dfrac{m}{n-m}\text{AB}$

i.e. 内分・外分 $\longrightarrow$ 直線上の 2 点 A, B に対して，同じ直線上の他の点の位置を表す方法

(☞) (参考) 数直線上の 2 点 A(a), B(b) に対して

① 線分 AB を $m : n$ に内分する点を P(p) とすると　$p = \dfrac{na + mb}{n + m}$

② 線分 AB を $m : n$ に外分する点を Q(q) とすると　$q = \dfrac{na - mb}{n - m}$

1.3 三角形の内・外角の二等分線と辺の比

(1)
【三角形の内角の二等分線と辺の比】
$\triangle ABC$ において，$AB = c$，$AC = b$ とし，
∠A の二等分線と対辺BCとの交点をPとすると，
$$BP : PC = c : b$$
($i.e.$ 点 P は辺BCを $c : b$ に内分する）

証明　右図のように
∠A の二等分線 AP に**平行**な線分 CD を引くと
$$BP : PC = BA : AD$$
また $\left.\begin{array}{l}\angle ACD = \angle CAP \\ \angle ADC = \angle BAP\end{array}\right\} \longrightarrow \angle ACD = \angle ADC$
$\longrightarrow AD = AC = b$
∴ $BP : PC = c : b$

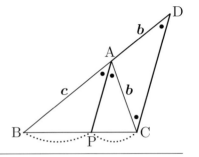

---

(2)
【三角形の外角の二等分線と辺の比】
$AB \neq AC$ $(c \neq b)$ である $\triangle ABC$ において，
∠A の外角の二等分線と辺BCの延長との
交点をPとすると，
$$BP : PC = c : b$$
($i.e.$ 点 P は辺BCを $c : b$ に外分する）

証明　図のように，∠A の外角の2等分線 AP に**平行**な線分 CQ を引くと
$$BP : PC = BA : AQ$$
また $\left.\begin{array}{l}\angle AQC = \angle TAP \\ \angle ACQ = \angle CAP\end{array}\right\} \longrightarrow \angle AQC = \angle ACQ \longrightarrow AQ = AC = b$
∴ $BP : PC = c : b$

(☞) $\left[\begin{array}{l}\text{(1), (2)とも，内角・外角の2等分線と平行な線分を頂点 C から引いて} \\ \text{同位角・錯角，二等辺三角形の等辺を使って証明}\end{array}\right]$

【1】　$AB = 7$，$BC = 9$，$CA = 5$ である $\triangle ABC$ において
∠A の二等分線と辺BCの交点を P とする。このとき
次のものを求めよ。
　(1)　BP : PC　　　(2)　線分 BP の長さ

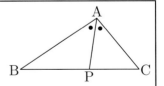

解答
(1) 線分 AP は∠A の二等分線だから
　　$BP : PC = AB : AC$
　　　　　　$= 7 : 5$

(2) (1)より　$BP : PC = 7 : 5$　だから
　　$BP = BC \cdot \dfrac{7}{12} = 9 \cdot \dfrac{7}{12} = \dfrac{21}{4}$

【2】 AB = 9，BC = 4，CA = 7 である △ABC において，∠A の外角の二等分線と辺 BC の延長との交点を P とする。このとき，次の問に答えよ。
(1) 点 P は，辺 BC とどういう関係にあるか。
(2) 線分 BP の長さを求めよ。

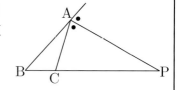

解答
(1) 線分 AP は，∠A の外角を 2 等分するから
$$BP : PC = AB : AC = 9 : 7$$
よって，点 P は辺 BC を 9 : 7 に外分する点である。

(2) (1) より
$$BP = \frac{9}{2}BC = \frac{9}{2} \cdot 4 = 18$$

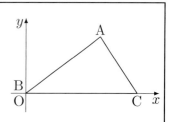

2 三角形の外心・内心・重心

2.1 三角形の外心

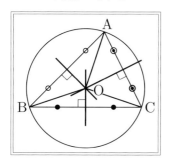

三角形の 3 辺の垂直二等分線は 1 点で交わる

この 1 点を O とすると **OA = OB = OC** だから
点 O を中心とし，**3 頂点 A，B，C を通る円**がある
この円 ⟶ △ABC の 外接円 (circumscribed circle)
点 O ⟶ △ABC の 外心 (circumcenter)

証明 図のように
辺 AB の垂直二等分線
辺 CA の垂直二等分線 の交点 O ⟶ OA = OB
                                    OC = OA
∴ OB = OC
すなわち，点 O は辺 BC の垂直二等分線上にある。

【3】 AB = 5，BC = 6，CA = $\sqrt{13}$ である △ABC を右図のように，頂点 B が原点，辺 BC が x 軸上にくるようにおく。このとき，次の問に答えよ。
(1) ∠ABC = θ とおくとき，$\cos\theta$ を求めよ。
(2) 頂点 A の座標を求めよ。
(3) △ABC の外接円の中心の座標を求めよ。

解答 → 次ページ

問【3】の解答

(1) 余弦定理より
$$\cos\theta = \frac{5^2 + 6^2 - (\sqrt{13})^2}{2\cdot 5\cdot 6}$$
$$= \frac{25 + 36 - 13}{60} = \frac{48}{60}$$
$$= \frac{4}{5}$$

(2) 点Aの座標を (x, y) とおくと
$$x = AB\cos\theta = 5\cdot\frac{4}{5} = 4$$
また，$AB = 5$ より
$$4^2 + y^2 = 5^2 \quad \text{だから} \quad y^2 = 9$$
ここで $y > 0$ だから $y = 3$
よって，点Aの座標は $(4, 3)$

(3) 辺BCの垂直二等分線は
$$x = 3 \quad \cdots\cdots ①$$
次に，辺ABの中点の座標は $\left(2, \frac{3}{2}\right)$
直線ABの傾きは $\frac{3}{4}$ だから

辺ABの垂直二等分線は
$$y - \frac{3}{2} = -\frac{4}{3}(x - 2) \quad \cdots\cdots ②$$
①，②を解くと $x = 3,\ y = \frac{1}{6}$
よって，
外接円の中心の座標は $\left(3, \frac{1}{6}\right)$

【4】 右図のように，△ABCにおいて，
∠ABC = 35°, ∠BCA = 25° である。
また，点Oは △ABC の外接円の中心である。
このとき，∠OBC = θ の値を求めよ。

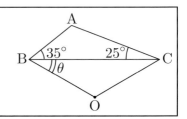

解答
辺BCは，外接円の弦だから ∠OCB = ∠OBC = θ
同様に ∠OAB = ∠OBA = 35° + θ
∠OAC = ∠OCA = 25° + θ
ここで ∠BAC = 180° − (35° + 25°) = 120° だから
$$(35° + \theta) + (25° + \theta) = 120°$$
$$\therefore \theta = 30°$$

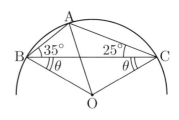

2.2 三角形の内心

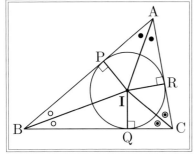

三角形の **各内角の二等分線は 1 点で交わる**

この1点をIとすると IP = IQ = IR だから
Iを中心として，**△ABCの各辺に接する円がかける**

この円 ⟶ △ABCの **内接円** (inscribed circle)

点I ⟶ △ABCの **内心** (inner center)

証明 → 次ページ

【内心】の 証明

図のように $\begin{cases} \angle A の二等分線 \\ \angle B の二等分線 \end{cases}$ の交点を I とし

点 I から各辺に下ろした垂線の足を，それぞれ P, Q, R とすると $\begin{cases} IP = IR \\ IP = IQ \end{cases}$

$$\therefore \quad IQ = IR$$

すなわち，点 I は ∠C の二等分線上の点である。

【5】 右図のように，△ABC において，
∠BAC = 80° とする。
また，△ABC の内接円の中心を I とするとき，
∠BIC = θ の値を求めよ。

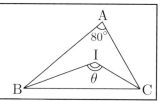

解答

∠IBC = α, ∠ICB = β とおくと
∠ABC = 2α, ∠ACB = 2β だから
$$2α + 2β + 80° = 180°$$
$$\therefore \quad α + β = 50°$$

また △IBC において
$$α + β + θ = 180°$$
$$\therefore \quad θ = 130°$$

2.3　三角形の重心

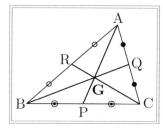

三角形の 3 つの中線は 1 点で交わる

[☞ 中線 ⟶ 頂点と対辺の中点を結んだ線分]

この点 G ⟶ △ABC の 重心 (center of gravity)

さらに **AG : GP = BG : GQ = CG : GR = 2 : 1**

[*i.e* 重心は，各中線を頂点から 2 : 1 に内分する]

証明

[I] 右図 ①のように $\begin{matrix} 中線 AP \\ 中線 BQ \end{matrix}$ の交点を G とすると

$\begin{cases} PQ \mathbin{/\mkern-5mu/} AB \\ AB : PQ = 2 : 1 \end{cases}$ ⟶ BG : GQ = AB : PQ = 2 : 1

i.e. 点 G は中線 BQ を 2 : 1 に内分する。

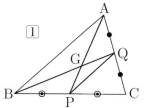

[II] 右図 ②のように $\begin{matrix} 中線 BQ \\ 中線 CR \end{matrix}$ の交点を G′ とすると

$\begin{cases} QR \mathbin{/\mkern-5mu/} BC \\ BC : QR = 2 : 1 \end{cases}$ ⟶ BG′ : G′Q = BC : QR = 2 : 1

i.e. 点 G′ は中線 BQ を 2 : 1 に内分する。

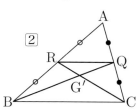

したがって，[I], [II] より，点 G と点 G′ は一致する。

【6】 右図のように，△ABC の重心を G，辺 AB の中点を F とする。また，線分 FP は，辺 BC に平行である。このとき，次の問に答えよ。

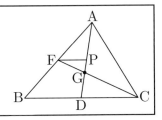

(1) AP : PD を求めよ。　(2) PG : GD を求めよ。
(3) AP : PG を求めよ。

解答
(1) 点 G は △ABC の重心だから，点 F は辺 AB の中点であり，FP ∥ BD だから，
AP : PD = AF : FB = 1 : 1

(2) PG : GD = FG : GC = 1 : 2

(3) (2) より GD = 2PG だから
AP = PD = PG + GD
　　= 3PG
よって AP : PG = 3 : 1

3 チェバの定理・メネラウスの定理

3.1 チェバの定理

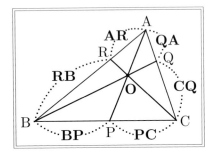

【 チェバの定理 】　(Ceva's theorem)
△ABC の**内部の点 O** に対して
頂点 A，B，C と点 O を結ぶ直線が向かい合う辺とそれぞれ点 P，Q，R で交わるとき
$$\frac{AR}{RB} \cdot \frac{BP}{PC} \cdot \frac{CQ}{QA} = 1$$

(☞) 頂点 A から $\xrightarrow{\text{辺 AB}}$ AR → RB $\xrightarrow{\text{辺 BC}}$ BP → PC $\xrightarrow{\text{辺 CA}}$ CQ → QA の順

[☞ ジョバンニ・チェバ(Giovanni Ceva, 1647〜1734)は，イタリアの数学者]

証明　右図のように，頂点 A，B から直線 CR に下ろした垂線の足をそれぞれ H，K とすると

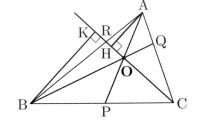

$$\triangle OCA = \frac{1}{2} OC \cdot AH \quad \triangle OBC = \frac{1}{2} OC \cdot BK$$

⟶ $\triangle OCA : \triangle OBC = \frac{1}{2} OC \cdot AH : \frac{1}{2} OC \cdot BK$
　　　　　　　　= AH : BK

また　AH ∥ BK ⟶ AH : BK = AR : RB

すなわち　$\triangle OCA : \triangle OBC = AR : RB \longrightarrow \frac{AR}{RB} = \frac{\triangle OCA}{\triangle OBC}$

同様にして　$\frac{BP}{PC} = \frac{\triangle OAB}{\triangle OCA} \quad \frac{CQ}{QA} = \frac{\triangle OBC}{\triangle OAB}$

したがって　$\frac{AR}{RB} \cdot \frac{BP}{PC} \cdot \frac{CQ}{QA} = \frac{\triangle OCA}{\triangle OBC} \cdot \frac{\triangle OAB}{\triangle OCA} \cdot \frac{\triangle OBC}{\triangle OAB}$
　　　　　　　　　　　　　　　= 1

【7】 右図の △ABC において，
AR : RB = 2 : 3, CQ : QA = 1 : 1 である。
このとき，BP : PC を求めよ。

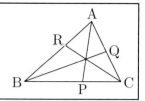

解答　チェバの定理より
$$\frac{AR}{RB} \cdot \frac{BP}{PC} \cdot \frac{CQ}{QA} = 1 \quad \cdots\cdots ①$$
ここで
AR : RB = 2 : 3 より $\frac{AR}{RB} = \frac{2}{3}$

また　CQ : QA = 1 : 1 より $\frac{CQ}{QA} = 1$
これらを，①に代入すると
$$\frac{2}{3} \cdot \frac{BP}{PC} \cdot 1 = 1 \quad \text{より} \quad \frac{BP}{PC} = \frac{3}{2}$$
よって　BP : PC = 3 : 2

3.2 メネラウスの定理

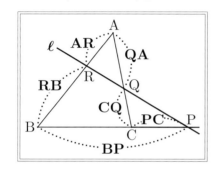

【メネラウスの定理】 (Menelaus' theorem)

直線 ℓ と △ABC の辺 BC, CA, AB
または，その延長と，それぞれ点 P, Q, R
で交わるとき
$$\frac{AR}{RB} \cdot \frac{BP}{PC} \cdot \frac{CQ}{QA} = 1$$

［☞ アレクサンドリアのメネラウス (Menelaus 70?〜130?)］

証明　直線 ℓ に平行な直線 AD を引くと
$$\begin{cases} AR : RB = DP : PB \to \dfrac{AR}{RB} = \dfrac{DP}{PB} \\ CQ : QA = CP : PD \to \dfrac{CQ}{QA} = \dfrac{CP}{PD} \end{cases}$$
よって
$$\frac{AR}{RB} \cdot \frac{BP}{PC} \cdot \frac{CQ}{QA} = \frac{DP}{PB} \cdot \frac{BP}{PC} \cdot \frac{CP}{PD} = 1$$

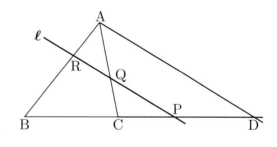

【8】 右図の △ABC において，AR : RB = 2 : 3 である。
また，BC : CP = 1 : 1 である辺 BC の延長上の点 P
から辺 AB 上の点 R に引いた線分 PR と，辺 CA との
交点を Q とする。
このとき，CQ : QA を求めよ。

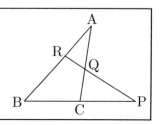

解答　→ 次ページ

問【8】の 解答

メネラウスの定理より
$$\frac{AR}{RB}\cdot\frac{BP}{PC}\cdot\frac{CQ}{QA}=1 \quad \cdots\cdots ①$$

ここで $AR:RB=2:3$ より $\frac{AR}{RB}=\frac{2}{3}$

また $BC:CR=1:1$ より

$BP:PC=2:1$ だから $\frac{BP}{PC}=2$

① に代入すると $\frac{2}{3}\cdot 2 \cdot \frac{CQ}{QA}=1$

これより $\frac{CQ}{QA}=\frac{3}{4}$

したがって $CQ:QA=3:4$

4 円の性質

4.1 円周角の定理

(1)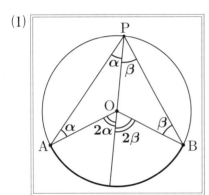

図のように，円 O の **弧 AB** と弧 AB 上以外の円周上の点 P を結ぶ線分 AP，BP のなす角

$\angle APB \longrightarrow$ **円周角** (angle of circumference)

また $\angle AOB \longrightarrow$ **中心角** (central angle)

このとき，点 P が円周上を動いても

中心角 $2(\alpha+\beta)$ は一定 だから

円周角 $\alpha+\beta$ も一定 である

したがって

> 【 円周角の定理 】
>
> 1つの弧に対する **円周角の大きさは一定** であり，その弧に対する **中心角の大きさの** $\frac{1}{2}$ である

(2) この円周角の定理の **逆** も成り立つ。すなわち

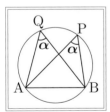

> 【定理】［同じ円周上にある点］
>
> 4点 A, B, P, Q について，点 P, Q が直線 AB に対して同じ側にあって，$\angle APB = \angle AQB$ ならば
>
> **4点 A, B, P, Q は1つの円周上にある**

【9】 右図において，5点 A, B, C, D, E は，円 O 上の点であり，$\angle BAC=30°$, $\angle CED=15°$ である。

このとき，$\angle BOD$ を求めよ。

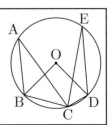

解答 → 次ページ

問【9】の 解答
　右図のように，線分 OC を引くと
　円周角の定理より　　∠BOC = 60°，　∠COD = 30°
　よって　　∠BOD = ∠BOC + ∠COD
　　　　　　　　　 = 60° + 30°
　　　　　　　　　 = 90°

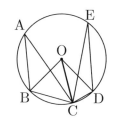

4.2　円に内接する四角形

(1)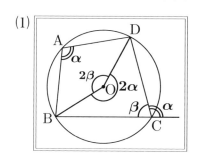
図の 円 O に内接する四角形 ABCD において
中心角の和は　$2\alpha + 2\beta = 360°$　だから

対角の和　$\alpha + \beta = 180°$

また，これより　$\alpha = 180° - \beta$　だから

内角 ∠A は，対角 ∠C の外角に等しい

(2)　(1) のことは，逆も成り立つ。まとめると

【円に内接する四角形の性質】

円に内接する四角形 $\begin{cases} \Longleftrightarrow & \text{対角の和は } 180° \text{ である} \\ \Longleftrightarrow & \textbf{内角は，その対角の外角に等しい} \end{cases}$

【10】　右図のように，AB ∥ CD である四角形 ABCD に対して
頂点 A, B を通る円が，辺 BC, DA とそれぞれ点 P, Q で
交わっている。
　このとき，四角形 PCDQ は円に内接する四角形である
ことを示せ。

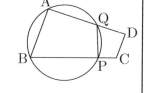

解答
　∠ABC = α とおく。　　　［☞ 図の●］
四角形 ABPQ は円に内接する四角形だから
∠ABP は，その対角の外角 ∠PQD に等しい。
　　　よって　∠PQD = α

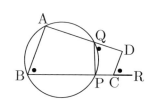

次に，辺 BC の C 方向への延長線上の点を R とすると
AB ∥ CD だから　　∠DCR = ∠ABP = α
すなわち，四角形 PCDQ の内角 ∠PQD は，その対角 ∠PCD の外角 ∠DCR に等しい
ことが示された。
したがって，四角形 PCDQ は円に内接する四角形である。

【11】 右図のように，円に内接する四角形 ABCD がある。
また，辺 BC，AD の延長線の交点を P，辺 AB，CD の
延長線の交点を Q とし，∠CPD = 56°，
∠DQA = 24° である。
このとき，∠ABC = α を求めよ。

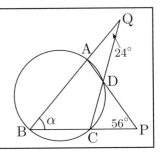

解答

　　四角形 ABCD は円に内接するから，∠CDP = ∠ADQ = α
　このとき，∠BCD = α + 56°，∠DAB = α + 24°
　よって　(α + 56°) + (α + 24°) = 180°
　　　　　∴ α = 50°

4.3 円の接線

(1)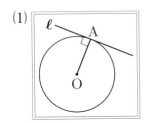

　　円 O と直線 ℓ が，ただ 1 点 A のみを共有するとき
直線 ℓ は円 O と点 A で **接する** といい，直線 ℓ を **接線** という
　　　　　　　　　　　　　　　　　　　　　　　　(tangent)
このとき

$$\boxed{\text{直線 } \ell \text{ が点 A で円 O に接する} \iff OA \perp \ell}$$

(2)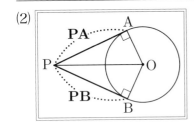

　　図のように，円 O の外部の点 P から 2 本の **接線** を引い
たときの接点を A，B とする
　　このとき，**線分 PA** または **PB** の長さを
点 P から円 O に引いた 接線の長さ といい

$$\boxed{PA = PB}$$

【12】 右図のように，円が四角形 ABCD の各辺に接している。
このとき，次の等式が成り立つことを証明せよ。
　　　　AB + CD = BC + DA

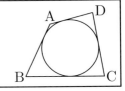

証明

　頂点 A，B，C，D から円に引いた接線の長さをそれぞれ
a，b，c，d とすると
　　AB = $a + b$，BC = $b + c$，CD = $c + d$，DA = $d + a$
　よって　AB + CD = $a + b + c + d$
　　　　　BC + DA = $b + c + a + d = a + b + c + d$
　したがって，AB + CD = BC + DA

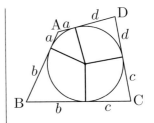

4.4 接弦定理

(1)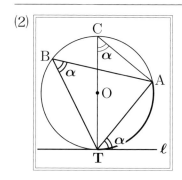
図のように，円O上の点Tを接点とする接線を ℓ とする
このとき，接線 ℓ と弦TBのなす角を α とし
円の直径TCを引くと

$$\angle ATC = 90° - \alpha \longrightarrow \angle TCA = \alpha$$

これと，円周角の定理より，次の定理が出てくる

(2) 円Oに点Tで接する**接線** ℓ と**弦**TAのなす角 α について次のことが成り立つ

> 【 接弦定理 】 (alternate segment theorem)
> 円の**接線**とその**接点を通る弦**の作る**角**(α)は
> その角内にある弧に対する**円周角**(α)に等しい

【13】 右図のように，円Oに2直線PA，PBがそれぞれ点A，Bで接している。また，$\angle APB = 70°$ である。
このとき，$\angle ACB = \theta$ の値を求めよ。

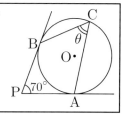

解答

$\triangle PAB$ は，$PA = PB$ の二等辺三角形であるから
$$\angle PAB = \angle PBA = \frac{1}{2}(180° - 70°) = 55°$$
よって，接弦定理より $\theta = 55°$

【14】 右図にように，点Pより引いた2直線の一方は，円の中心Oを通り，円と2点A，Bで交わり，他方は，円Oと点Tで接している。また，直線PTの延長線上の点Hに対して，$\angle HTB = \theta$ であるとき，$\angle APT$ を θ を用いて表せ。

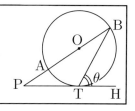

解答

接弦定理より $\angle TAB = \theta$ だから $\angle TAP = 180° - \theta$
また，線分ABは円の直径だから $\angle ATB = 90°$
よって $\angle PTA = 90° - \theta$
したがって $\angle APT = 180° - (180° - \theta) - (90° - \theta)$
$= 2\theta - 90°$

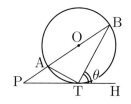

4.5 方べきの定理

(1)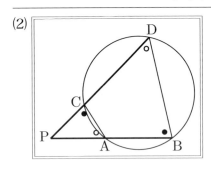

図のように，円の内部に点 P があり
点 P を通る 2 直線が円とそれぞれ $\left\{\begin{array}{l}\text{点 A, B}\\ \text{点 C, D}\end{array}\right\}$ で交わるとき

$\left\{\begin{array}{l}\angle ACD = \angle ABD\\ \angle BAC = \angle BDC\end{array}\right\} \longrightarrow \triangle PAC \backsim \triangle PDB$

よって　　PA : PC = PD : PB

すなわち　　**PA・PB = PC・PD**

---

(2)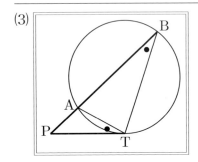

図のように，円の外部に点 P があり，点 P を通る
2 直線が円とそれぞれ $\left\{\begin{array}{l}\text{点 A, B}\\ \text{点 C, D}\end{array}\right\}$ で交わるとき

四角形 ABDC は円に内接する四角形だから

$\left\{\begin{array}{l}\angle ACP = \angle ABD\\ \angle PAC = \angle BDC\end{array}\right\} \longrightarrow \triangle PAC \backsim \triangle PDB$

よって　PA : PC = PD : PB

すなわち　　**PA・PB = PC・PD**

したがって，(1), (2) より

> 【方べきの定理 I】 (Power of a Point theorem)
>
> 点 P を通る 2 直線が円とそれぞれ $\left\{\begin{array}{l}\text{点 A, B}\\ \text{点 C, D}\end{array}\right\}$ で交わるとき
>
> **PA・PB = PC・PD**

(3)

図のように，円の外部に点 P があり，点 P を通る
2 直線の $\left\{\begin{array}{l}\text{一方が，円と 2 点 A, B で交わり}\\ \text{他方が，　点 T で円に接する}\end{array}\right\}$ とき

接弦定理より
∠PTA = ∠PBT $\longrightarrow \triangle PTA \backsim \triangle PBT$

よって　PA : PT = PT : PB

すなわち　　**PA・PB = PT²**

したがって

> 【方べきの定理 II】
>
> 点 P を通る 2 直線の $\left\{\begin{array}{l}\text{一方が，円と 2 点 A, B で交わり}\\ \text{他方が，点 T で円に接する}\end{array}\right\}$ とき
>
> **PA・PB = PT²**

(☞) $\left[\begin{array}{l}\text{(2) において，2 点 C, D を限りなく近づけていき}\\ \text{その結果，一致して点 T となった場合が (3)}\end{array}\right]$

【15】 右図のように，半径 8 の円 O の直径 AB に対して，円 O の弦 CD が P で交わっている。
AP = 6，PC = 7 であるとき，PD を求めよ。

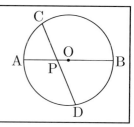

解答

PB = PO + OB = 2 + 8 = 10

このとき，方べきの定理より　PA·PB = PC·PD　だから

$$6 \cdot 10 = 7 \cdot PD \qquad \therefore PD = \frac{60}{7}$$

【16】 右図において，
直線 PT は点 T で円 O に接している。
直線 PB は円と 2 点 A，B で交わっている。
また，PT = 6，PB = 9 である。
このとき，AB の長さを求めよ。

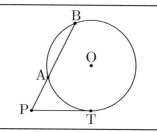

解答

AB = x とおくと　PA = 9 − x

このとき，方べきの定理より　$PT^2 = PA \cdot PB$　だから

$$6^2 = (9 - x) \cdot 9$$
$$4 = 9 - x$$
$$\therefore x = 5$$

すなわち　AB = 5

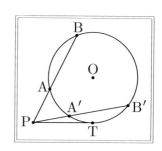

(☞) 右の図には，同じ条件の直線 PB′ も記入している

(☞) 参考に，問【15】の 解答 の図の原稿を書いておきます。
これを，LaTeX2ε に通すと上の図になります。見ても何だこれはと思う人が多いと思いますが，将来，LaTeX2ε を使う人も出てくるでしょうから，参考になればと思います

```
¥BP(33.8, 30.1)( - 19.3, - 15.5)¥Fthl{.6pt}{
¥put(0, 0){¥enB{.6}} ¥put(0, 0){¥circle{24}} ¥put( - 1.5, 1){O}
¥path( -16, -12)(0, -12) ¥put( -16, -12 ){¥enB{.6}} ¥put( - 19.3, - 13){P}
¥put( 0, - 12){¥enB{.6}} ¥put(-1.3, - 15.5){T}
¥path( -16, -12)( - 4.42, 11.16) ¥put( - 4.42, 11.16){¥enB{.6}} ¥put( - 5.5, 12){B}
¥put( - 11.58, -3.16){¥enB{.6}} ¥put( - 15, - 3.8){A} ¥path( -16, -12)( 9.48, - 7.37)
¥put( 9.48, - 7.37){¥enB{.6}} ¥put(10.5, - 9){$ ¥tB¥pr $}
¥put( - 6.26, - 10.24){¥enB{.6}} ¥put( - 7, - 9.2){$ ¥tA¥pr $}
}¥EP
```

[☞ この中に出てくる数値は，自分で計算しました。その中で，2 次方程式の解を求める必要があるときは，Excel で係数だけセルに記入すれば 2 つの解が出てくるように組んでおくと小数係数も O.K.]

[☞ 次ページに LaTeX2ε での図の書き方についての簡単な説明あり]

【 LaTeX 2ε について 】［II］

　ここでは，LaTeX 2ε でどのようにして図を書いたかの例を挙げておきます。下の共通部分を表示する図の原稿は以下のようになります。

```
¥BP(80, 16)( - 30, - 5)
¥Fthl{.6pt}{¥path( - 29, 0)(48, 0)} ¥put(49, 0){¥veC{1, 0}} ¥put(47, - 3){$ x $}
¥Fthl{.8pt}{¥put( - 15, 0){¥line(1, 2){2.5}} ¥put( - 12.5, 5){¥line(1, 0){60.}}
¥put(25, 0){¥line(0, 1){8.}} ¥put(25, 8){¥line( - 1, 0){53.}}}
¥put(25, 0){¥enB{1.2}} ¥put(24, - 4){$ 5 $}
¥mput( - 15, 0)(2, 0){18}{¥line(1, 1){5}} ¥put(21, 0){¥line(1, 1){4.}}
¥put(23, 0){¥line(1, 1){2.}}
¥put(32, 5){¥enW{3.5}} ¥put(30.17, 3.6){$ ¥ajM{1}' $}
¥put( - 15, 8){¥enW{3.5}} ¥put( - 16.83, 6.6){$ ¥ajM{2}' $}
¥put( - 15, 0){¥enW{1.4}} ¥put( - 20.5, - 4){$ {}- 3 $} ¥EP
```

(タイプセット)

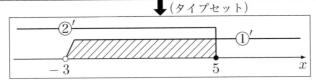

　原稿も図も枠で囲んでいますが，これは分かりやすくしているだけです。
これは，picture 環境というもので，図を書くときに使う環境です。
その中で，¥put(- 15, 8){¥enW{3.5}} は x 座標が -15 mm, y 座標が 8mm の位置に ¥enW{3.5} すなわち，直径3.5mm で白 (White) 抜きの円 (en) を置け (put) という命令文です。次に，¥put(- 16.83, 6.6){$ ¥ajM{2}'$} は x 座標が -16.83 mm, y 座標が 6.6mm の位置に ②′ を置けということで，2つがきれいに重なり図のようになります。

　また，元のままの命令文は，¥put, ¥line で，他は自分が使いやすいようにマクロ化したものです。¥enW の en は円から作りましたが，元の命令文に日本語はありません。円も元は circle です。¥enW の W は白の white の頭文字を使いました。
だから，¥enB の B は black の頭文字です。例えば ¥enW は次のように作りました。
　　　　　　　　　¥newcommand{¥enW}[1]{¥circle*{#1}}
#1 には円の直径 (mm) を入れます。

　こうして，アルファベットですが，そこに適当に日本語をまぜながら自分独自のコマンド(command，命令)，これをマクロ(macro)と言いますが，それを自分に都合のいいように作っています。そのマクロ (macro) をまとめて自分専用のパッケージ(package)として使っています。

　また，外国との記述の違いで面白いのは等号の否定です。LaTeX 2ε のものは $a \neq 0$ となっています。ところが日本では何故か $a \neq 0$ です。そこでこれも自分で作りました。そういう意味で自由性のあるソフトで私にとっては使いやすいソフトです。

　これをフリーソフトとして世に出したクヌース先生は素晴らしい学者だと思います。このソフトを知る前は，クヌースという名前に何も思い至らなかったのですが，本棚にクヌース著の数学小説「超現実数」という本がありました。もう表紙もページも黄ばんでいますが，不思議な縁に驚きました。しかも，私にとっては素晴らしい縁です。こんなことがあるんですね!!

【 あとがき 】

　本書『数Ⅰ・Ａのまとめ』の作成のいきさつ・過程については次の通りです。
私は教員8年目に，新設3年目の高校に赴任しました。その高校では，1・2年次に「週考査」が実施されていました。月曜日の1・2時限目を使って，30分ごとで3科目のテストがありました。その週考査の意義・実施の仕方等を説明すると長くなりますから，数学についていうと，1学期に6回，2学期に9回，3学期に3回実施されました。B4サイズで100点満点です。成績は，週考査の平均と期末考査で算出されました。

　この週考査は，月曜日にテスト，木曜日までに採点・集計・返却と教員にとっても大変な作業でしたが，授業を真剣に聞いてくれる生徒たちの後押しで頑張れました。

　しかし，本当に大変なのは生徒でした。赴任2年目に部活動の生徒から次の話を聞きました。「日曜日に部活の試合があるときは，教科書とかノートを持って行き，試合の合間にテスト勉強をしている。」と。まだ週5日制の前ですから，日曜日には部活動の試合が組まれていました。そして月曜日に週考査があるという状況だったのです。

　その話を聞き，何か良い方法がないものかと考えました。
そこで思いついたのが「まとめのプリント」の作成です。1週間分の授業内容をまとめて，プリントして遅くとも土曜日まで配布することでした。

　最初は，A5サイズの「情報カード」に手書きしました。私は悪筆で板書も分かりやすいように字を大きく書いていました。その私がA5サイズにボールペンで書いていました。それを印刷担当の職員の方がA5サイズにカットしたざら紙に印刷して下さり，生徒に配布していました。

　その後，何年かしてワープロ機能のみのワードプロセッサーが発売されました。印刷は感熱紙にするものでした。
勿論，私は飛びつきましたが，残念ながら，数学で使う文字 a, x …… や記号は打てません。ところが，そのワープロには外字作成機能があり，2枚のフロッピーディスクに約180位の外字が保存できました。そこで，48×48 ドットの升目に点をとり，a, x 等の文字・数学記号を作りました。例えば，a については，全角で $\boldsymbol{a}$ を作り，半角にして a としました。この例は $\mathrm{\LaTeX\,2_\varepsilon}$ で横2倍にしていますが，残っている原稿を見るともっと細身です。
それを使ってプリントを作成し始めました。自筆からの開放でした。その後，パソコンを購入しましたが，数学のプリントはワープロで作っていました。

　それから9年後に上記高校に再度赴任したとき，『 $\mathrm{\LaTeX\,2_\varepsilon}$ 』というソフトの存在を知りました。しかし，教えてもらえる人は見つからず，書店に行き関係書籍を探しました。見つけたのが，DVD-ROM付きの内山孝憲・中野賢共著『日本語 $\mathrm{\LaTeX\,2_\varepsilon}$ インストールキット Macintosh版』(アスキー出版局)です。すぐ買って帰りパソコンにインストールしました。最初は使い方の本を見ながら始めましたが，すぐに『 $\mathrm{\LaTeX\,2_\varepsilon}$ 』の虜になりました。

　それ以来，「まとめのプリント」も $\mathrm{\LaTeX\,2_\varepsilon}$ で作り，1年分のプリントを印刷会社で印刷・製本してもらい，生徒に配布しました。今見ると，薄い冊子です。

　そして，退職後，ある機会に上記高校の卒業生と話す中で，「子供のために欲しい」という話があり，私もその気になって，やってみようと始めたのがこの『数Ⅰ・Ａのまとめ』の作成です。以前に作った分は，授業後のまとめでした。しかし新たに作るものは授業が前提ではないので，授業の流れも少し入れて作らないと伝わらないと思いながら，作成したのが本書です。

　がんセンターに入院中，主治医の先生が私のパソコンの画面を見て，「昔そんなの習ったけどもう忘れたなあ。」と言われましたが，それで良いのだと思います。習ったことがあるのなら必要なときに再度勉強すれば身につきますが，全く知らないのならそうはいきません。ここに大きな差があると思います。

　本書で，少しでも多くの高校生が，数学に対する苦手意識から開放され，少し楽に数学に取り組んで行けるようになれることを願っています。

坂本　良行

坂本　良行（さかもと　よしゆき）

1949年7月生まれ
1975年3月　山口大学文理学部理学専攻科数学専
　　　　　　攻卒業
同　年4月より　大阪府立高校勤務
1976年4月より　福岡県立高校勤務
2009年3月　退職

数学Ⅰ・Aのまとめ

2018年7月30日　初版第1刷発行
著　者　坂本良行
発行者　中田典昭
発行所　東京図書出版
発売元　株式会社 リフレ出版
　　　　〒113-0021　東京都文京区本駒込3-10-4
　　　　電話 (03)3823-9171　FAX 0120-41-8080
印　刷　株式会社 ブレイン

© Yoshiyuki Sakamoto
ISBN978-4-86641-165-1 C7041
Printed in Japan 2018
落丁・乱丁はお取替えいたします。

ご意見、ご感想をお寄せ下さい。

［宛先］〒113-0021　東京都文京区本駒込3-10-4
　　　　東京図書出版